勒·柯布西耶新精神丛书

明日之城市

［法］勒·柯布西耶　著

李　浩　译

方晓灵　校

中国建筑工业出版社

著作权合同登记图字：01-2007-3729 号

图书在版编目（CIP）数据

明日之城市／（法）柯布西耶著；李浩译. —北京：中国建筑
工业出版社，2009（2023.10 重印）
（勒·柯布西耶新精神丛书）
ISBN 978-7-112-10754-4

Ⅰ. 明…　Ⅱ.①柯…②李…　Ⅲ. 城市规划-建筑设计-
研究-法国　Ⅳ. TU984.565

中国版本图书馆 CIP 数据核字（2009）第 013419 号

Le Corbusier：Urbanisme
Copyright © 1924 Fondation Le Corbusier
8-10 square du Docteur Blanche-75016 Paris，France
Chinese Translation Copyright © 2009 China Architecture & Building Press

All rights reserved.

本书由 Fondation Le Corbusier 正式授权我社翻译、出版、发行

策　　划：董苏华
责任编辑：董苏华　戚琳琳　孙　炼
责任设计：郑秋菊
责任校对：兰曼利　关　健

勒·柯布西耶新精神丛书
明日之城市
[法] 勒·柯布西耶　著
　　　　李　浩　译
　　　　方晓灵　校
*
中国建筑工业出版社出版、发行（北京海淀三里河路9号）
各地新华书店、建筑书店经销
北京嘉泰利德公司制版
北京中科印刷有限公司印刷
*
开本：880×1230毫米　1/32　印张：9⅝　插页：1　字数：320千字
2009年3月第一版　2023年10月第十一次印刷
定价：**54.00**元
ISBN 978-7-112-10754-4
　　　　（36111）

COLLECTION DE "L'ESPRIT NOUVEAU"

LE CORBUSIER

URBANISME

目　录

中文版序

《明日之城市》（Urbanisme）一书，是世界著名建筑与城市规划大师勒·柯布西耶（Le Corbusier）的一部经典著作。在该书中，柯布通过对20世纪初的城市发展规律和城市社会问题的关注、思考和研究，提出关于未来城市发展模式的设想，即"现代城市"理想，希望通过对现存城市尤其是大城市本身的内部改造，使其能够适应未来发展的需要。柯布主张关于城市改造的4个原则是：减少市中心的拥堵、提高市中心的密度、增加交通运输的方式、增加城市的植被绿化；基于这些最基本的原则，柯布以巴黎市中心为实例进行了300万人的"现代城市"的规划设计。

对于西方现代城市规划理论的形成和发展而言，柯布西耶的"现代城市"理想有着十分重要的影响。柯布的《明日之城市》一书，和霍华德（Ebenezer Howard）所著《明日——一条通向真正改革的和平道路》（Tomorrow：A Peaceful Path to Real Reform，1898）一书以及格迪斯（Patrick Geddes）所著《进化中的城市》（Cities in Evolution，1915）一样，是反映西方现代城市规划理论起源的代表之作。十分独特地，与霍华德的社会学家、格迪斯的生物学家身份所不同的是，《明日之城市》一书是柯布西耶以建筑师的身份，从功能和理性主义角度出发对现代城市的基本认识，以及从现代建筑运动的思潮中引发的关于现代城市规划的基本构思。有趣的是，在如何应对新的城市发展问题方面，霍华德主张建设新城市的办法，提出当任何城市达到一定规模时，应该停止增长，其过量的部分应当由邻近的另一个城市来接纳；格迪斯主张周密分析地域环境的潜力和限度对于居住地布局形式与地方经济体系的影响关系，强调把自然地区作为规划的基本构架，他对城市问题的分析和解决是一种"区域"的思维；而柯布西耶所提出的，则是在常规的城市范围之内寻求合理解决方案。当然，我们不可能评判这些各不相同的规划思路孰优孰劣。任何一种理论的提出，都不可能是绝对完美的，而且要和当时当地的实际情况相结合。柯布的"现代城市"理论自然有其局限性的一面，但是，这却丝毫不影响《明日之城市》一书应有的价值。如果能够将这些不同的规划名著加以比较阅读，从不同的角度加以思考，必定能够加深对西方现代城市规划理论的认识和理解。

需要承认，柯布西耶理性主义的城市规划思想，深刻地影响了第二次世界大战前后世界各国的城市规划和城市建设活动。例如，在城市中心采用立体式的交通体系，在市中心区修建高层建筑，扩大城市绿地，创造接近自然的生活环境等原则，已被许多城市的规划全部或部分地采用，最具有代表性的实例有昌迪加尔规划、巴西利亚规划和巴黎拉德方斯区规划等。当然，比较遗憾的是，对于柯布所主张的增加城市植被绿化，特别是市中心建设95%的绿化面积的设想，国内外的城市中很少能够做到。我们今天所生活的城市，摩天大楼、立体式交通体系等已屡见不鲜，但建筑布局往往过于局促，交通拥堵有增无减，公共开敞空间严重不足，已与柯布所主张的"现代城市"相背离，其人居环境质量着实令人堪忧，这也许正是现代人们的悲哀。

我国正处于城镇化的快速发展时期，面临着大量的城市建设任务。《明日之城市》一书虽然写作于80多年前，但这部著作所针对的不少城市问题在当今的世界和中国依旧存在，其前瞻性的发展预测、开拓性的规划主张，对于我国当前的城市规划和建设活动，有着非常积极的借鉴意义。柯布的名字和他的《明日之城市》一书对我国的城市规划和建筑学界并不陌生，但能够真正完整地阅读过《明日之城市》一书的人们却十分有限，而且常常被误解为是提倡"高层高密度"的"鼻祖"，早年被苏联规划界"奉为""城市集中主义"的代表。早在民国23年（1934年），商务印书馆曾发行过卢毓骏先生翻译的《明日之城市》一书，系从英文版转译而来，且由于相隔年代较长，国内流传极少。2006年至今，中国建筑工业出版社积极组织了该书法文原著的中文翻译工作，对于研究柯布西耶的现代城市规划理想，让更多的人学习和了解《明日之城市》的基本精神，以及推动我国的城市规划和建设，都将很有裨益。承担本书翻译工作的李浩同志是我的一名博士研究生，他对本书的翻译工作投入了大量的时间和精力，使译稿具有了较高的质量。通读全书，再次感受到 80 多年前柯布对于现代城市发展的忧虑和城市规划改革的热情，令人深感钦佩。特此为序，以荐读者。

邹德慈

2008 年 8 月 18 日

　　邹德慈：中国城市规划设计研究院学术顾问，中国工程院院士，中国城市规划学会常务副理事长。

前　言

> 若精神觑觎真理，则将自毁；而一旦与
> 尘世结合，则将丰沃。
>
> ——马克斯·雅各布（Max Jacob）
> 《哲学》（Philosophies），1924 年第 1 期

城市是人类的工具。

但时至今日，这种工具已鲜能尽其功用。城市，已失去效率：它们耗蚀我们的躯体，它们阻碍我们的精神。

城市里四起的紊乱令人深感冒犯：秩序的退化既伤害了我们的自尊，又粉碎了我们的体面。

它们已不适宜于这个时代，它们已不适宜于我们。

*
* *

城市啊！

它是人类对自然的一种掌控。它是一种人类作用于自然的活动，一种为人类庇护和活动的有机组织。城市是一种创作。

诗歌是一种人类行为——表达人类感知形象之和谐关系。有关大自然的所有诗篇只不过是人类自我精神的创造。城市是激发人类精神的一种强烈影像。缘何其至今尚未成为诗意之源泉？

*
* *

几何学是人类所创造的一种方法，借此我们对外部世界进行感知，并对人类内部世界加以表述。

几何学是基础。

它是那些给予人们以完美与卓越象征的事物得以建构的物质基础。

它为人们带来无上的数学之乐境。

机器为几何学之产物。当今时代在本质上是一个几何学的时代；所有的思想趋向于以几何学为指导。现代艺术与思想，经过一个世纪的解析，试图走出偶性之途，几何学则将其引至一种数学的秩序。此种趋势，将日益普遍。

* *

住宅领域的发展，向我们提出了一些需要采取全新的建造方法的建筑学问题，适应现代生活的新型规划问题，以及与新精神相融合的美学问题。

* *

终有一天，公众的热情将促成时代的变革（如在 1900—1920 年间泛日耳曼主义那基督教徒般的慈悲一样，等等）。

这种热情鼓动着人们的行为，并强烈地感染和引导着人们的行动。

今天，这种热情是对于精准度的一种追求。一种被推至极高极远之完美境界的精准度：至善至美的探索。

不能以一种沮丧的姿态来执行这种精准度：必须要有执着的勇气与毅力。当今的时代已不允许人们的怠慢与松懈。它极度地仰赖人们的行动。不能以一种沮丧者的姿态去参与行动（既无须愚昧，也不必不抱任何希望）；必须要有足够的信心：信心在于人们与生俱来的行为准则。

不能以一种沮丧的姿态将当代的城市规划视作理想的状态，你将不得不承认，当前很多已知的想法和观念都将会逐渐消去。但是，今天我们可以梦想规划现代城市，因为时机已经来临，日常生活中的强烈需求，已经激发出一股集体的热情。此种热情被一种对于真理的崇高渴望所引导。人类精神的复苏已开始重新谱写新的社会形态。

似乎某些反复发生着的现象已经清晰地昭示了问题的求解之道，这深刻地植根于统计学上的诸多事实中。公众热情促生一个新时代的时刻已经到来。

* *

在巴黎的夏日闲暇里，我开始着手这本书的写作。暂时中断了大城市的纷扰生活，我的思绪因主题的宏大而进入遐想之中，远离现实的边缘。

随后10月1号来临。薄暮之初，香榭丽舍大道突然间变得疯狂起来。经历了夏日的空闲，城市的交通变得愈加疯狂。烦嚣与日俱增。人们一走出家门，毫无过渡，即身临死亡地带：四周无数的汽车风驰电掣。回想20年前的学生时代，道路是属于我们的：我们在路上高歌，我们在路上阔论……而马车则缓缓地从身边驶过。

1924年10月1日，在香榭丽舍大道上，我目睹了这种新的交通现象的强劲复苏，尽管3个月的假期曾经使这股激流安静下来。汽车！还是汽车！快！更快！一股激情涌上我的心头，令人难以抵抗。这并非是闪烁灯光下欣赏车身设计所获得的那种激情，而是一种对于动力的激情。处于强大动力和强劲速度之中的那种天真而率直的喜悦之情。我们身处其中。我们是处于这个滥觞时刻的激流中的一分子。我们对这个新的社会充满信心，它终将完美地展现自身的力量。我们坚信。

这种力量如同暴风雨后暴涨的湍流，毁灭般的狂烈。城市行将崩溃，再也无法支撑下去；它已无法前进。城市太古老了。湍流难以继续遵循旧有的河床。这是一种灾难。这似乎是全然反常之事，不平衡与日俱增。

如今，我们都已意识到此种险象。应当注意到过去的近几年来，我们已经忘却了生活的喜悦，那种延续了几个世纪的、任由自己静静漫步的幸福；我们就像被围捕的野兽，疲于奔命[1]；秩序已改变，生活的规律被打乱，成为敌对之秩序。

人们提出了无关痛痒的解决之道……我们都知道这是一种幼稚的热情，就像村民在仓促与恐惧之中建设临时堤坝，用以阻挡暴风雨所引发的湍流，而湍流则已经将毁灭带入其险恶的漩涡之中。

*
* *

15年前，在广泛的旅行生活中，我曾感受过建筑艺术的巨大魅力。然而，在我试图为其归纳出一个合乎需要的思想体系之前，尚有诸多艰难的阶段需要跨越。沉溺于毫无意义且支离破碎的传统观念之中，建筑只能以迂回

---

1. 这是事实；我们的生活中步步都有危险。设想您单脚一滑，设想突然的头晕眼花使您跌倒……

和虚弱无力的方式触动精神。反之,匠心杰构的建筑与周围环境相融合,能创造出一种令人愉悦的协调感,使人们深受打动。正是体会到了这一点,而非从书本上的理论出发,我深悟到城市规划(l'urbanisme)之重要,对于这一名词,我在稍晚些时候才深有体会。当时我只全神贯注于艺术。

后来,我曾读到维也纳作者卡米洛·西特(Camillo Sitte)的著作[1],其关于城市规划美丽图景的狡辩之辞令人感动。西特的论证相当娴熟,其理论似乎非常充分;但它们都根植于过去,实际上是一种过去式罢了,多愁善感的过去,如同路旁毫无意义的朵朵野花。这并非是一种伟大时代的过去,实质上只是一种妥协的过去。西特的雄辩迎合了动人的复兴"家室"之思想,但在后来的发展中,却自相矛盾地使建筑艺术背离正当的发展轨道(地方主义,régionalisme)。

1922年,应秋季沙龙展览会(Salon d'Automne)之约,我绘制了一个300万人口城市的规划鸟瞰图。我采取了一种自己所热爱和信赖的理性方式,也吸收了过去的那种浪漫主义精神,深信其能适合于我们当今时代之需要。

朋友们惊诧于我超脱现实的深思熟虑,问道:"这是为2000年的城市所作的规划吗?"各地的记者们将其描述为"未来之城市"(la cité future)。然而,我却将其称为"现代城市"(une Ville Contemporaine)。之所以称为"现代",是因为"未来"不属于我们任何人。

我深感此问题之解决在于眼前。瞧瞧1922—1925年间各种事情的发展是何等迅速吧!

1925年在巴黎举行的国际装饰艺术博览会,证实了复古毫无益处。破除最终的剧痛,世界必将翻开新的一页。

我们必须承认,在一般情况下,附庸风雅的无益之举达到其顶点之后,终将有严肃的工作加以取代。

装饰艺术已死。现代城市规划与新建筑精神同时诞生。以一种巨大、骤然且势不可挡的进化步伐,焚毁掉联系旧时代的桥梁并与之断绝关系。

* *
*

最近,一位年轻的维也纳建筑师极度绝望地论及古老的欧洲行将灭

---

1. 指《城市建设》(Der Staedtehall)一书。

亡；惟有年轻的美国能够给人们以希望。

"欧洲的建筑艺术已不能再提出任何问题"，他说道，"迄今为止，我们已长期受到积累文化的压制和摧残，不堪重负，步履蹒跚。文艺复兴时期的文化和路易时代的文化已使我们精疲力竭。我们过于富有，我们已经麻木，我们已不再有能够那种能够托起建筑艺术的思想灵感。"

我回答他说，古老欧洲的建筑问题，在于今日之大城市。这将是"是"或"非"的问题，继续生存或逐步死亡。二者其一，全由我们决断。我们沉重的传统文化将会带给我们完美的解决之道，这已被理智及精英们的敏锐感觉所证实。

* *
*

面对我于 1922 年所绘制的现代城市鸟瞰图，纽约《布伦》(Broom) 杂志的一位编辑曾对我说：

"在200年之后，美国人将会来欧洲欣赏当代法国的理性作品，而法国人则将会在美国传奇式的摩天大楼之前发出惊叹。"

* *
*

综上，可以得出如下结论：

在相信与怀疑之间，最好相信。

在行动与毁灭之间，最好行动。

少壮且健康方能具有创作之力量，而良好之创作更需要丰富之经验。

已被传统文化长期熏陶的事实，使我们能够拨云见日，去伪存真。认为学生时代过去后人们便一无是处的观念，是一种失败主义者的思想。能否认为我们已老？老了？欧洲的 20 世纪正是人类文明发展成熟的辉煌时期。古老的欧洲丝毫未老。老，不过是一种说法罢了。古老的欧洲依旧充满活力。我们的精神被过去的时代所滋养，活跃且富于创造力，其力量存于脑海；而美国之力量则在于臂膀，在于青年的热烈情感。如果说美国人善于感受和生产，那么欧洲人则善于思索！

没有理由埋葬掉古老的欧洲。

1924 年 12 月

法国小学课本封底所印载的图表：几何学

第一篇　概　论

人类沿直线行走是因为他有一个目标：他知道该往哪里走；一旦决定了前往何处，他就径直地走过去。

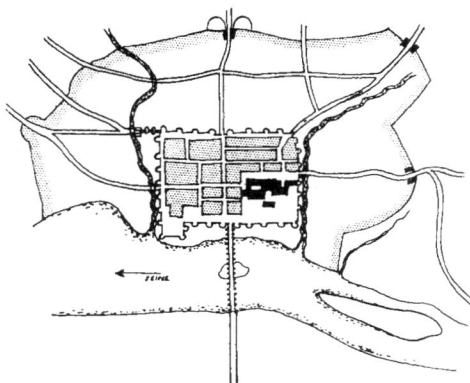

5 世纪时的鲁昂（Rouen），古罗马时代的平面图（直线形平面）；教堂建于古老的公共建筑区。1750 年，新的围墙开始包围村间小道；城市发展的命运十分明确。市中心在经历了数世纪的变迁后仍然保持了直线形的格局

第1章　驴行之道与人行之道

人类沿直线行走是因为他有一个目标：他知道该往哪里走；一旦决定了前往何处，他就径直地走过去。

驴子曲折而行，思想散漫，心不在焉，它曲折而行以躲避巨石，或便于攀登，或得以庇荫；它采取一种阻力最小的路线。

然而人类则理智地驾驭自己的情感；人类控制自己的情感和本能，使其服从于他所期待的目标；使其野性服从于理智。人类的理智建立起法则，法则为经验之结果。人类的经验源于劳作；人类为生存而劳作。为使创造成为可能，行为规则必不可少，经验的法则必须遵守。人类必须预先考虑事情之结果。

但是驴子什么都不想，除了那些给它带来麻烦的事情。

*
*　*

对每个欧洲城市而言，其平面图中均有驴行之道所留下的痕迹；巴

黎也不例外，诚属不幸。

　　在人口日益密集的地区，有篷马车在泥土沙石路面的颠簸及凸凹不平中缓慢前行；溪流是一个巨大的障碍。道路由此而生。在道路的交叉口或沿着溪流的岸边，建起第一座茅舍、第一栋住家、第一个村落；房屋沿着道路而建，沿着驴行之道而建。人们在四周筑起防御围墙，里面则设置居民公所（市政厅）。人们制定法律、辛苦劳作和生活，且常常遵守驴行之道。5 个世纪后另一更大规模的围墙被修建，再过 5 个世纪又有第 3 个更大规模的围墙被修建。驴行之道出入城镇的地方成了城门，并置有税务机构。村落变成了大首都；巴黎、罗马和伊斯坦布尔均建于驴道之上。

　　这种大首都没有交通要道，而只有毛细血管般的小巷道；因而，进一步的发展往往意味着城市的疾病或死亡。为了生存，城市长期以来好似被掌控于外科医生的手中，经常地加以手术切割。

　　罗马人是伟大的立法者、伟大的开拓者、伟大的管理者。一旦抵达某个地方，抵达某个道路交叉口或溪流岸边，他们就拿起直角尺，规划出一个直线形的城镇平面，以利其井然有序，便于计划，易于管理及清洁，人们很容易辨识方位，能够悠然于其中——工作之城市或娱乐之城市［庞培城（Pompéi）］。方形平面适合于罗马人的高贵身份。

　　但在其国内，罗马人持帝国之尊，却受困于驴行之道。多么讽刺的

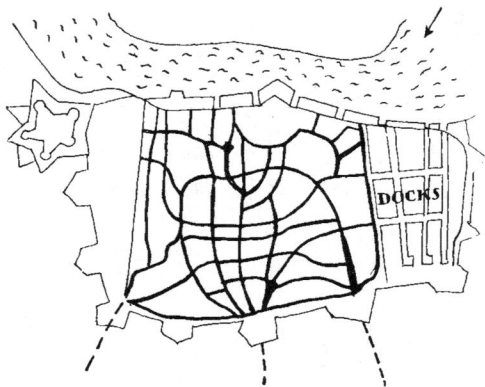

　　17 世纪的安特卫普（Anvers）。城市一年年扩大，其平面受现有入口道路所控制。几个世纪以来采取了一系列巧妙的适应性改造。这仍然是一个非常不错的曲线形平面图

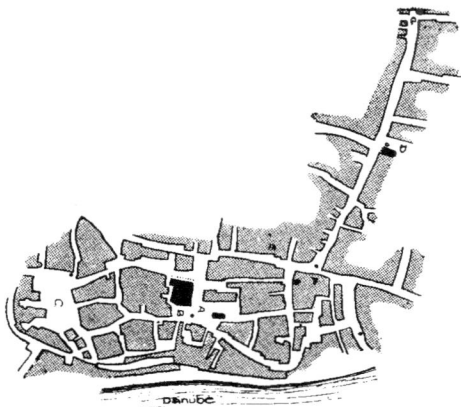

乌尔姆（Ulm）。古老而分层的营地；6 个世纪后一切都保留下来了

情形！富人则远离开城市的混乱，去建造他们精心规划的大别墅（如哈德良别墅）。

他们和路易十四一样，可谓西方少有的城市规划大师。

在中世纪，1000 年之前，人们遵循驴道的导向，此后世代长期忍受。路易十四在试图将卢浮宫进行清理整顿（修建了柱廊）之后，对其已十分厌恶，遂采取大胆的改造措施：建造凡尔赛宫，市镇和城堡的每处细节均以一种直线形的规划风格加以建设；天文台（Observatoire）、荣军院、荣军院广场、杜勒丽花园以及香榭丽舍大道等在远离嘈杂的城市外部而建——一切都井然有序。

拥挤不堪得以被消除。随后的其他事物都以一种巧妙的方式继续进行：战神校场（Champ de Mars）、星艺广场、讷伊大道（Neuilly）、万塞讷大道（Vincennes）、枫丹白露大道等等。数代人相继开拓。

然而，不知不觉地，由于疏忽、软弱、无政府状态及"民主体制"（démocratiques）等的影响，以往拥挤不堪的情况却又周而复始。

不仅如此，而且人们期望如此；人们甚至以一种美学的法则对其创造！驴行之道竟成了人们的一种信仰。

*
*　*

此信仰源自德国，受卡米洛·西特所著城市建设专著的影响所致。

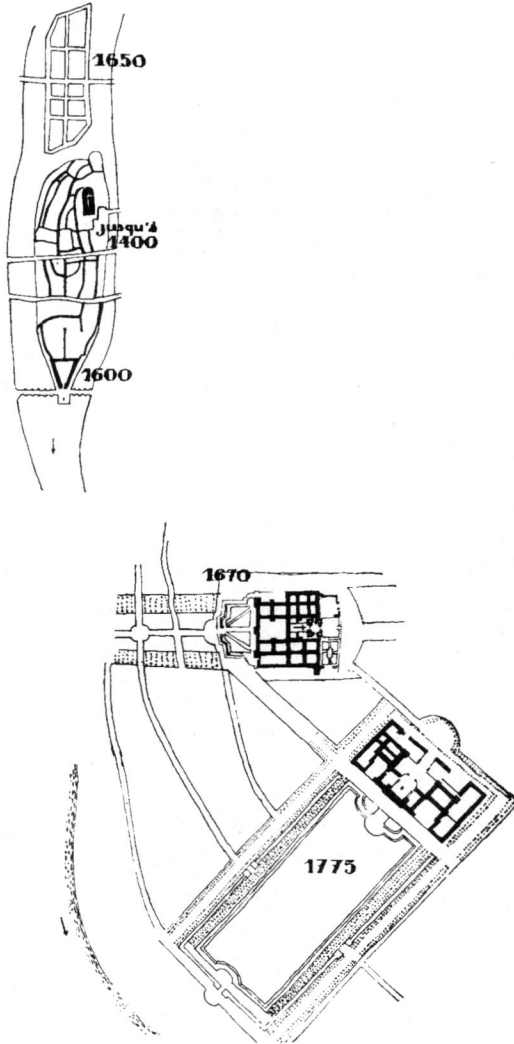

巴黎:西岱岛 (Cité)、多芬广场 (Place Dauphine)、圣路易岛 (Saint-Louis)、荣军院、巴黎军校 (École militaire)。很有意义的一张图。这些相同比例的轮廓图显示出逐步走向秩序的一种趋向。城市得到整治、文化得以彰显,人类开始创造

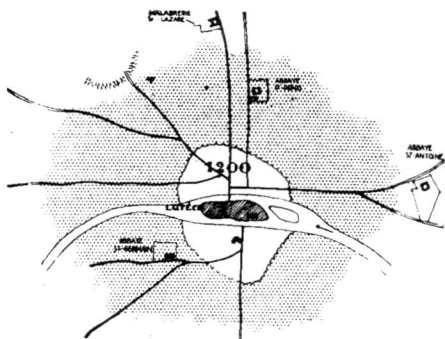

　　吕太克（Lutéce），巴黎的前身。巴黎圣母院和皇宫等建筑物仍占据原有位置。北向、东向、南向的重要省道，以及通向伊希（Issy）、克利希（Clichy）、沿海诸省（provinces maritimes）和墨丘利神殿（蒙马特尔）等方向的重要省道始终未变。后来修建的修道院成为地标。就城市规划而言，这是偶然与妥协之产物。稍后，奥斯曼（Haussmann）尝试了其颇具争议的屠夫式城市切割计划，开始了他著名的城市改造。然而这仍然是基于驴道之上

　　这是一部极为偏执的著作；书中对曲线大为赞颂，对其无与伦比的美学进行了似是而非的论证。西特书中所列证据均为中世纪时的艺术城市；作者将绘画的"如画风格"与城市活力所需之法则相混淆。最近德国的很多住区都遵循这种美学而加以兴建（因为一切都仅仅成为了美学问题）。

　　在汽车时代，这种美学法则却带给人们一种惊诧且荒谬的错觉。"真是太好了"，一位负责巴黎发展规划编制工作的政府要员告诉我，"汽车完全行不通了！"

　　这是因为，当代的城市必须仰赖直线：房屋的修建、管道和隧道的铺设、公路和人行道的修建等，一切均需要直线。交通的通畅同样需要直线；对城市精神而言，直线是正当之选择。曲线昂贵、难以建设且滋生危险；曲线将使城市陷入瘫痪。

　　直线将进入人类的整个历史，进入人类的所有期望，进入人类的各种法则。

　　必须勇于以钦佩的眼光去欣赏美国的直线城市。如若美学家尚不能如此，则道德家应率先对其有所深思。

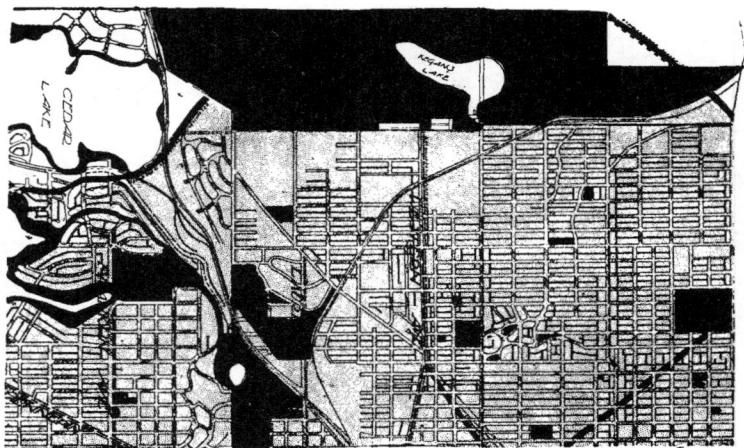

美国明尼阿波利斯市（局部）。它带给我们一种新的社会生活道德观的启示，并揭示出一些线索，即美国人和欧洲人缘何相互惊诧于彼此间一致之感觉。我们的时代已迈入一个新的阶段，旧的社会必须与新的条件相互协调，必须开始思考现代城市规划的问题

* *
*

华盛顿（局部）。人类智慧之作品。此处是另外一方的胜利；当其被规划之时，这里没有驴行之道，取而代之的是铁路。依然有美学的法则

　　曲线道路是驴行之道，直线道路是人行之道。

　　曲线道路是随遇而安、松松垮垮、心不在焉和兽性的结果。

　　直线道路是反抗作用、勇于行动、积极作为和自我克制之结果。直线道路健康且彰显高贵。

　　城市，是热烈的生活与劳作之中心。

　　随遇而安的人们、社会及城市，松松垮垮、心不在焉，很快就会被积极行动且自我克制的民族和社会所驱散、征服和吞并。

　　城市逐渐败落及统治阶级被颠覆的原因，正是如此。

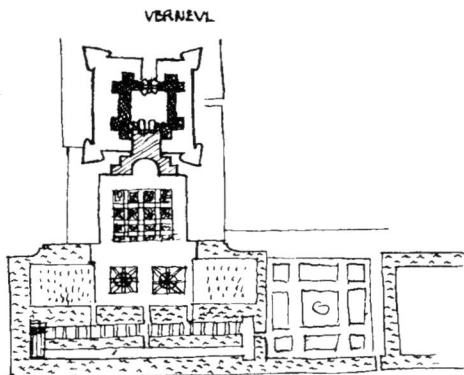

安德鲁埃·杜·塞尔梭设计的韦尔讷伊城堡
（文艺复兴时期）。艺术家和规划师已付诸行动

直角是人类行动所需的必要而充分的工具，因为它可以使我们绝对精确地确定空间。

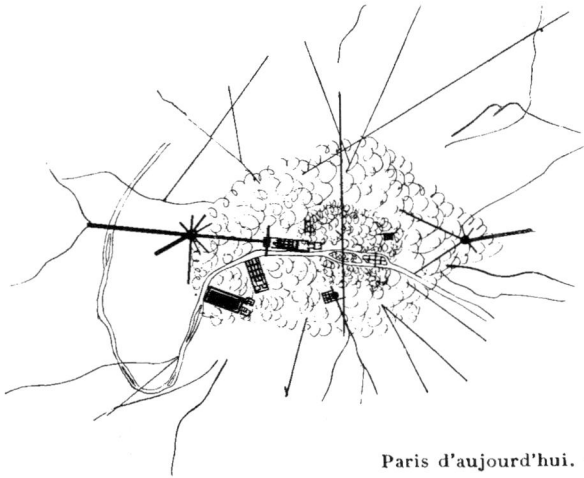

Paris d'aujourd'hui.

今日之巴黎

第 2 章　秩序

　　房屋、道路和城市，都是人类致力经营的处所；它们必须有秩序，否则将会破坏人类思维的基本原则；如若缺少秩序，它们便会与人类对抗，阻碍我们的发展，这正如我们周围的自然界限制着我们的发展一样，尽管我们早已与之斗争，但是每天都还要开始新的战斗。

*
* *

　　如果说我看起来像是在设法推动一扇早已开启的大门的话［有人曾对我所写的《走向新建筑》（Vers une Architecture，1923）一书作如此的评价］，那是因为在这一方面（城市规划），同样有一些身居高位者，占据思想和进步论战的高地，已经关闭掉这些大门，他们受到了一种极端的保守思想和错位的感性主义之鼓动，这种保守思想和感性主义，不但危险，而且罪恶。通过各种各样的诡辩手段，他们试图（甚至向他们

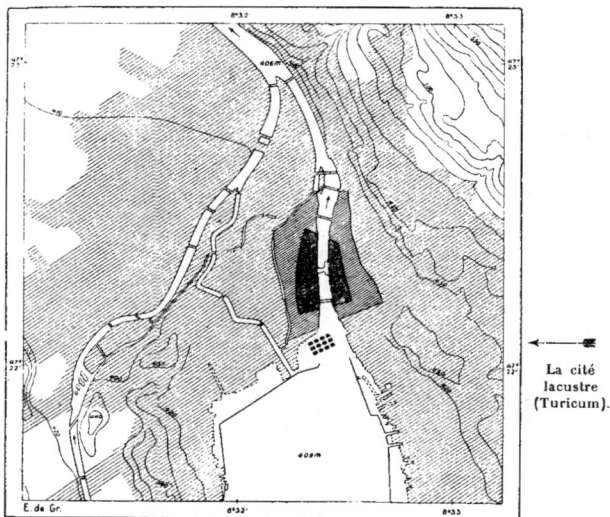

La cité
lacustre
(Turicum).

湖泊城市（苏黎世）

自己）隐瞒过去的时代所带来的各种教训，他们试图回避掉人类各种事件的厄运和定数。对于我们朝向秩序的行动，他们宁愿相信其不过是一种婴儿的蹒跚学步和狭隘情绪的愚蠢行为罢了。由于这种原因，莱昂德尔·瓦莱（Léandre Vaillat）先生曾在《时代》报（Temps）上抨击我是一个毒害分子，他居然把我当成了一个"亲德分子"！

　　……而我将反驳他们（那些声称当今时代不得不屈从于理性的建筑师们）：心灵所感知的"某些理性"并非能为头脑所知。似乎抽象的规则并不足以带给我们幸福；但我们每个人对于非理性、想像和装饰等都有着特别的需要。全然规整的城市和模型般的村庄将会使我们伤心流泪……

　　我在此问题上的主张并非无足轻重，因为自上次的秋季沙龙活动以来，勒·柯布西耶先生关于未来城市的理论已经获得重大的进步；评论、报纸以及我的某些同僚似乎已经被这种蛊惑人心所迷惑，唉！这并不真是一个诱人的事实；他们似乎无法将生活和抽象区分开来，不能从极度单调的德国式平面和古老的法国房屋平面中辨识出后者所具有的那种优雅高贵和精细安排，真是可怜的家伙们。（莱昂德尔·瓦莱先生的

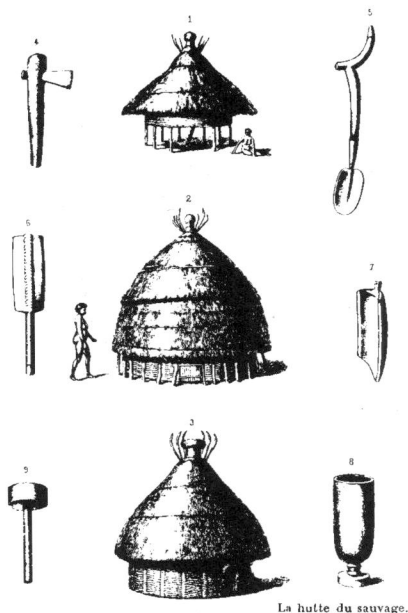

La hutte du sauvage.

原始人类的茅草屋

这种戏法在第一次世界大战后显得如此令人惊愕且阴险奸诈！）（《时代》，1923 年 5 月 12 日[1]）

　　路易十四和卢浮宫、圣母院、杜勒丽花园、荣军院、凡尔赛宫、香榭丽舍大道，以及所有的"法式"花园等，这些都成了德国式的或者是德国人的作品！我觉得在讨论有关思想创造方面的问题时，我们首先想到的不应当是德国人。假如瓦莱先生是在《时代》报（这是一份颇有分量的报纸）任职，并负责城市规划专栏（此乃当前一个非常重要的论题），如果他能够注意到他所评判的依据和来源，他会认识到，在拉丁

----

　　1. 原则上，我一般会避免将其他作者的话作为引证，惟恐出现误解。然而此处的引语则十分清楚地表明了瓦莱先生以及其他很多被严峻的事实所吓倒的人们的论调；他们的理论就是"生活"；多种多样、不断变化的生活；两面派或四面派的生活，既腐朽又健康，既清澈又污浊；既精确又随意，既符合逻辑又并非理性，既是善神又是善魔；一切乱七八糟；都灌于壶中，随便搅和，热烈地端出，贴上"生活"的标签。显然，这就足以使任何生活都变得多面性和多样化起来。

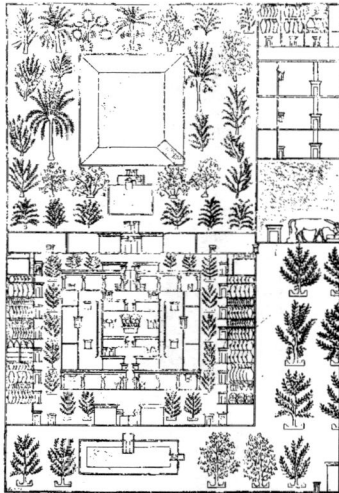

La maison égyptienne.

埃及的住宅

族的历史，尤其是法国的历史中，到处充满着直线；曲线则往往是属于德国或一些北方国家（从巴洛克式、洛可可式、哥特式，一直到现代城市的设计图）。瓦莱先生及其志同道合者，他们所喜爱并在城市规划工作中予以实践的曲线，从来就不是传统的法国式建筑中的要素，反而在近 20 年来却发展成了一种典型的德国式风格。如此说来，《时代》报（一个很重要的声音）通过瓦莱先生，一个有趣的但却极易因细微的建筑感觉而变得过于激动的人，带给了他的读者一些并不正确的信息。

* * *

　　我必须再次强调，由于人类特殊的本性，人们是以秩序为实践的原则；人们的思想和行动是受直线和直角所支配的，直线存在于人类的本能之中，人们将直线理解为一种崇高的目标。

　　宇宙所创造的人类，乃万物之灵，但凡人类所关心的事物，均能触类旁通；人类遵循他们所理解的规律和信仰办事；人类明确地表述他们所理解的规律和信仰，并将其发展为一个连贯的体系，一个指导人们行动、发明与创造的理性知识系统。这种知识并非要将人类置于宇宙的对立面，而旨在实现人类与宇宙的融合；人类能够以这种方式正确地行事，而不能以其他方式有所作为。假设人们发明出一种很理性的体系，并将其理论付诸周围世界的行动，但这种理论体系却与自然的法则相违背，将会发生什么事情？人们必然在跨出第一步之后就会断然止步。

大自然以一种混乱无序的姿态呈现于我们眼前：天空的苍穹、湖泊和海洋的轮廓、山脉的形态。我们眼前的真实场景，及其五花八门的碎片和含糊不清的间隔，是那样的混乱。我们周围的事物和我们所创造的事物之间，没有丝毫的相似。我们所看到的身边的大自然纯粹只是一种偶然性的存在罢了。

然而，我们逐渐了解到：生机勃勃的大自然所具有的精神，是一种秩序的精神。我们的所见区别于所学和所知。我们的劳作受控于我们的所知。因而，我们摒弃外表之所见而崇尚事物之实质。

例如我凝视某人，他给我展现一些片断性的、任意性的体形；我关于此人的概念并非此刻我之所见，而是我对他所知。倘若他正面对我，我无法观察其背部；倘若他把手掌伸向我，我便无法观察其手指或臂膀；但是，我知道他的背部是什么样子，他有五个手指、两只臂膀，并以一定的形状而执行着一定的功能。

地球引力法则似乎解决了各种力量的相互冲突，维持了宇宙之平衡；借此我们获得垂直线。地平线给了我们水平线，牢不可变的水平线。垂直线与水平线相交则形成两个直角。只有一条垂直线，一条水平线；它们两者恒定不变。直角如同维持世界平衡的力量之精髓。直角只有一个，其他的角度却无穷之多。因而，直角超越于其他的角度；它既独特，而又恒定不变。为了工作，人们需要常数。没有常数，人们便不能向前发展。可以讲，直角是人类行动所需的必要而充分之工具，因为它可以使我们绝对精确地确定空间。直角符合自然法则，它是人类宿命的一部分，是一种必然性。

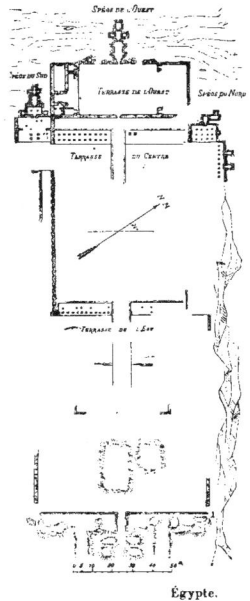

埃及

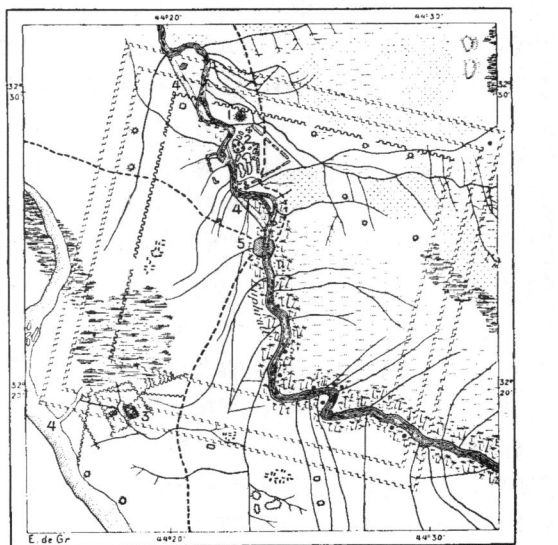

Longueur de Paris.
巴黎的长度

L'ancienne Babylone.

古巴比伦

　　瓦莱先生，这些或许已经够让你心烦意乱的了。可是我还要说，我要向你提出这一个问题：看看您的周围，看看海外，看看几个世纪的历史，请告诉我，人类的行为是否依赖于除直角之外的其他东西？您的周围是否存在一些除直角之外的其他东西？这是一个非常必要的质询，认真想一想，至少我们所讨论的一个基本论点将会得以澄清。

　　身处混乱无序的大自然中，人类为了安全而创造环境，将自身环绕在一个保护区域之内，实现与人类自身及人类所想之协调；人类需要一些定位标识，一个安全可靠的牢固之所；人类需要他自己所亲自决定的实体空间。人类为自身的所作所为，是与其自然环境相对称的一种创作，人类的目标与其思想越接近，就越远离并超然于其躯体。可以这样说，越是更深层次的人类创造，越是远离于人类最直接的掌握，越是趋向于纯粹的几何学；一把小提琴或一个椅子，是与人类的躯体紧密相连的物品，较少具有纯粹的几何学特征；但是，城市则是纯粹的几何学。

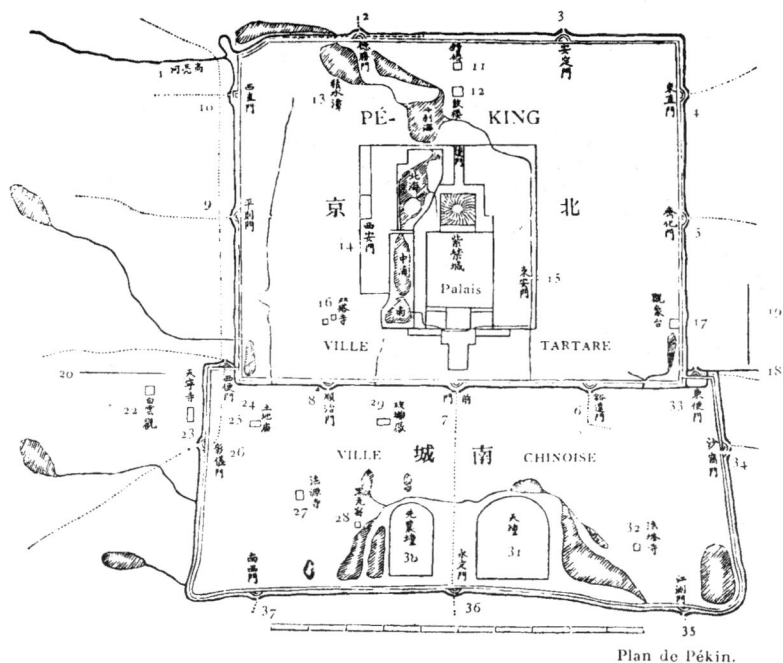

北京的平面图

一旦获得自由和解放，人类趋向于纯粹的几何学。如此，方能达到他所希冀之秩序状态。

对于人类而言，秩序是不可或缺的，否则人类之行动难以取得协调一致，终将一事无成。人类在秩序中加入精彩的念头。秩序越是完美，人类就越自在，越是感觉安全可靠。在人们的脑海中，借自己的身体所强加给他的秩序原则，建立起建筑学的框架，并因此而创作。人类所完成的一切作品，均有一种秩序。从空中鸟瞰，它们以一种几何的形态展现于大地。即使是在最险峻的山脉上，我们建造一条攀缘而上的道路，它仍然具有清晰的几何学功能，其蜿蜒曲折的形态在周遭的混乱无序中仍然显示出严密与精确。

在最高层次的创作中，我们倾向于更加纯粹的秩序，这是艺术之作。在蛮野的茅草屋与帕提农神庙之间，存在着多么大的身份差距和理

解的不同！如果作品蕴含秩序，它就能历久弥新，为众人所仰慕。这是艺术之作，不再忍受任何自然外貌的人类之作，但遵循着同样的法则。

　　瓦莱先生，还有一些令您恐惧的事情。您对于扭曲和畸形之物的嗜爱，在这个因我而璀璨发光的水晶之前自惭形秽。您并不是唯一一个希望我们能够继续保持对陈旧的特里亚农（Trianons）田园农舍的依恋的人。对于您和那些与您持相同观点的人们，我们必须回到城市规划学的议题上，因为您和他们的反对将会导致城市、区域乃至整个国家的毁

灭；因为您们意欲将我们从我们的环境中剥夺并加以消灭。人类抵御和阻击自然界。人类与自然界对抗，与自然界斗争，人类在自然界中采掘开拓。一项幼稚然而宏伟的努力！

人类总是如此，如此地建造房屋和城市。人类之秩序，一个几何学的话题，支配着人类，历来如此；这是伟大文明的烙印，留下诸多光灿夺目的里程碑式事件，为我们所骄傲，并成为永恒的忠告。

您对于曲线道路和扭曲房屋的热情，显示出您的软弱和局限性。您不能用报纸将您自己的愚昧和虚伪强加给那些或多或少一无所知的大众读者。

＊
＊　＊

史前的湖边村舍；蛮野时期的茅草屋；埃及的房舍与神殿；恢弘壮丽的巴比伦；高度文明的中国北京城；对于所有的这些例证，一方面，直角和直线不可避免地进入每一项人类行动（对于人类而言，他们创造了工具并将其带入尽善尽美之境地，从直角出发而实践，并在直角的协助下完美地完成），另一方面，它们明显地是一种趋向极致力量和无尚伟大的精神表征，在几何学上，直角的表达无疑是一种完美之物，同时它也是一种完美的证明；一种绝妙的、完美的象征，唯一的，永恒而纯粹的；能够用于对荣耀和胜利意识、完美纯洁思想以及每一种信仰的表述。

巴黎是一个从四面八方汇集了各种征战、繁衍和迁移的人们的危险的大杂烩；她是世界各地流浪人群没完没了的集中营；巴黎是一个权势中枢，是能够启迪世界的精神家园；她四处采掘开拓和发展扩张，并趋向于一种充满直角和直线的秩序体系；对巴黎的改造是保持其活力、健康和持久性的必要行为；这一理性的进程对于展示追求美和清晰的巴黎精神而言，是完全必要的。

＊
＊　＊

倘若我们从空中俯视混乱而错综复杂的世界，可以看到数世纪以来的人类努力是完全一致的，每处均是如此。神庙、城市和房屋是具有同样外貌的基本单元，并被建成为一种人类的尺度。人们也许会说，人类这种动物就如同蜜蜂一样，是一个几何形单元房间的建造者。

当然我们会马上承认，近百年来，一股骤然、混乱且规模庞大的入侵力量，无法预料且无法抗拒，对大城市造成突然的袭击；我们深陷其中，造成我们的紊乱与困惑，我们依然不能有所作为。这种紊乱揭示出，大城市作为一种运动力量的现象，今天已成为一种威胁性灾难，因为它不再能够为几何学的原则所掌控。

游牧民族的营地

游牧民族扎根于此

（正是这种小城镇或村落让城市规划师欢欣鼓舞！）

a M. Leandre VAILLAT,
pour mémoire.

致瓦莱先生，
为提醒起见

我们已不再是游牧民族而必须建造城市了

伴随着它的突然释怀，激情超越了纯粹的意志力，被当地民族的天赋淬炼，从而达到其顶点而必须加以表达；激情支配并引领着人类；它决定着观点之高度和思想之深度。

罗马万神庙的穹窿顶（公元 100 年）

第 3 章　　激情洋溢

　　野蛮人路过，在历史的废墟上定居生活。在欧洲各国，无数的游牧民族开始粗野的生活，国家逐步建立。除了非凡的古罗马建筑遗迹，远古时代已毫无其他遗存。

　　我们必须从篷车向神殿和城市进发。古罗马时代的水泥使巨大的穹窿顶、拱门和巨石拱顶得以保存，其一侧被大火焚毁，而另一侧仍然在空中耸立。这就是典范；北方粗鲁的车匠面对着古典文明的挑战。

　　人们以一种既有的模式建造房屋。蛮野民族无法简单地接受其他异国文明的成果。这是显而易见之事。人类从不抄袭，他不能如此；这将有违自然之法则。只有当所有的技术方法得以发展之时，人类文明的成果方显成熟，这是人类智慧积极努力、缓慢积累的结果；从 0 至 10，时而步履维艰，时而一帆风顺，经历 1、2、3、4……各种不同的中间阶段；事实上，这是一个社会所具有的现实资本，长期累积，成为人类精神的食粮，因而注定要光耀未来，并进入世界宏伟壮丽的新纪元之列。

遭受蛮野人破坏之后的古罗马遗存

这种对深深扎根在所获取的各种基础之上的事物的情感，我们称之为文化。某些时刻，此种情感的情况会这样，它清晰可见，它的晶体如此纯净，仅有一个词语便足以使整个议题变得光辉灿烂：古希腊文化、拉丁文化、西方文化等等。

我们不能到处洗劫他人的遗产。我们从未看到过一株柏树以其50米的高度突兀地矗立于橡树的丛林中；人们从没看到一颗小种子历经200年的时间而成为一棵苍天大树。这是自然界的法则之一。我们不能从教科书中汲取文化，也不可能剽窃其他城市；这是人类多少世纪以来的成就。

起初的时候，粗野的北欧民族意欲复古，幼稚地从其所见出发，而非从其所知出发。他们的出发点是认为还不错的万神庙，但拙劣的抄袭却粉碎了他们的梦想；他们对于古罗马时代的水泥一无所知，他们没有技术方法，他们没有工具。他们逐渐变得气馁，大约1000年的时候断然罢手，无所事事。假若神父对工作失去兴趣，他们至少还能保持其财富：企盼着世界末日的来临——它却并未来临。人类开始种植知识的种子，并世代相继。技术方法得以发明，工具设备得以创造，由于这种健康的发展循环，人们在思想上逐渐趋于从事理性之工作。激情得以诞生，贞洁而纯粹，坚定且真实。在1300年时，人们兴建了大教堂！

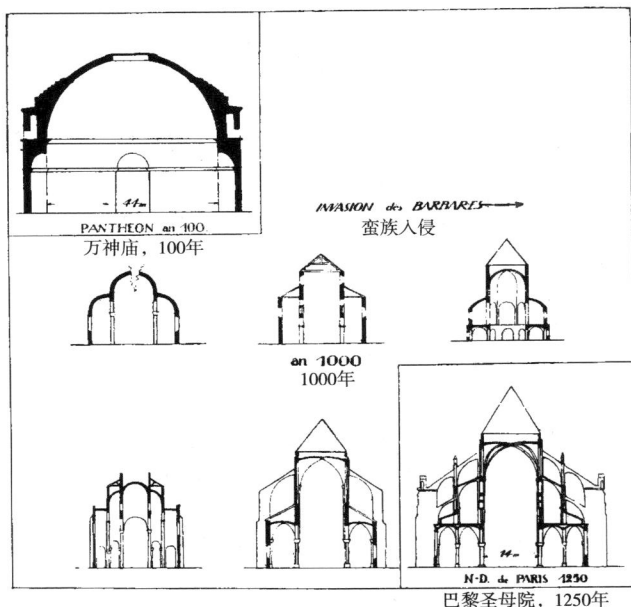

这些具有相同比例的剖面图，展示了起点及后来的结果。万神庙概括了罗马时代建筑的力量，它代表着一种朴素而客观的思想状态。而后是一场漫长的技术斗争，无意中受一种激情所支配，这种激情时而纯粹地出现在南方，时而则出现在北方。伴随着技术方法的到来，所嫁接的传统造型元素逐渐被放弃，而一系列新颖的造型元素，一种精确的、与古罗马毫不相同的激情表达方式，得以被创造

　　一个令人诧异的事实！从万神庙[1]，到大教堂；从古典文化来到了中世纪。

　　文化就是这么发展的；经由个人的努力、摄取和消化。当领悟发生的时候，我们获得一种感觉。这种特殊的感觉被曾经吸收的感觉所滋养。当人类经由思想创造之时，它便不再是一种抄袭。

　　伴随着它的突然释怀，激情超越了纯粹的意志力，被与当地民族的天赋淬炼，从而达到其顶点而必须加以表达；激情支配并引领着人类；它决定着观点之高度和思想之深度。

------

　　1. 在此我列举万神庙作为古罗马时期建筑构造的象征。

大教堂尖耸地矗立着，具有尖锐的造型和参差不齐之轮廓，对于秩序怀有显著的渴望；但是在整体上还缺乏一种成熟文明所具有的沉着与平衡（鲁昂大教堂）

我们由万神庙出发；怎么搞的，不是这样！而后到了大教堂。从古典文化而到中世纪文化。

中世纪。在这个时期蛮野民族试图反抗文化。1300 年并非尽头，蛮野民族依然是近在咫尺。道路仍在继续。我们也走在同样的道路上，且期望跨越一个更加深远的阶段。

＊
＊ ＊

激情洋溢出来了。

激情是一种绝对的势在必行，任何事物都无法抵御。激情——这个单词名不副实——它既无法从感官获知，也无法用尺度衡量（激情的法文"Sentiment"由"感官"和"尺度"两部分组成——编者注）。它是天生的、激烈的；生长着，涌动着。用较为精确的词语，我们可以称其为直觉。

　　不过，除了对本能的简单表现之外，直觉能够以理性的元素为基础加以定义；可以说，直觉就是所有已得知识的总和（也可以说本能就是数世纪以来后天知识经验的总和）。

　　因而，我们脚踏实地地置身于我们能够自由移动且能够对自身行为加以控制的环境之中。

　　如果说直觉是后天知识经验（它们可以追溯到很远：祖传旧习，数世纪的遗产，等等）的总和，那么激情就是对这些知识经验的迸发。激情的基础，是一种理性之基础，一种理性之事实，总之，它是我们努力的成就：每项工作均有价值。

　　我们无法剽窃激情。

　　我们必须将这个时代所赋予我们的各种方法汇集成一庞大体系——通过这一体系我们将试图建构我们的作品。我们将会感觉到一种激情的释放，它超越了我们细小而固定的日常活动，并将其引导至一种理想之形态，朝向一种风格（这种风格是一种思想状态）、朝向一种文化。需要经过一个硕果累累的准备时期之后，通过社会多方面之无数努力，方能为一种新态度的具体化作好准备。

*　*

　　文明表现为我们所支配的各种技能的全部实现，借由选择、分类和进化等方式。这些方式建立起我们情感的等级体系，并确定出这些激情得以激发之方法。

　　自然地，在寻求幸福的过程中，我们应当朝向一种均衡的感觉而努力。均衡意味着平静，精通各种技能，清晰的阅读，秩序，精神的满足，尺度和比例——事实上这就是：创作。不均衡则是一种冲突状态，忧虑不安，困难未能解决，一种囚禁或疑问的状态，它是劣等的、前期准备阶段。不均衡是一种劳顿状态。平衡是一种舒适状态。

　　我们可以这样分类：

　　a）人类动物，具有动物智慧的原始人，他的感受方式和直觉（此乃祖传特征），为其创造出一种次等而原始的均衡状态，但其本身的确是完美的。因而我们能够看到野蛮人采用纯粹的几何形式，因为他本能地顺从那些他所深信不疑的宇宙法则，不过他却并不会试图从宇宙法则中解放出来。

　　b）朝向文明前进的一个民族（何种力量激励他们?），脱离了动物式的存在，由于其连续的跳跃式发展而达到一个尚缺少均衡的状态，逐渐地，他们获得了一些信心使得他们开始玩思想的游戏。这一过程是粗野的，有一些知识的聚集点，但旁边就是未知之深渊，尝试和失败。此种努力，时而丰满，时而断裂，时而充溢，时而短浅，缺乏均衡，缺乏尺度与比例，令人劳顿不堪。

　　c）当各种方法都已被证实后，伟大的时刻最终到来，此时完备的技能确保了理性计划得以完美地执行。已获得的、可测度的力量创造出一种巨大的平静。在平静的状态中，人类的思想能够开始创造。挣扎的时代已经过去。建设的时代已经来临。建设的热情进入人们的大脑；我们有能力鉴别和测量；我们能识别优劣；我们能带来均衡。通过对各种眼花缭乱的形式的艰难检验，我们选择了最纯粹的形式。理智将我们引导至几何学。我们的创造并不困惑，并不犹豫，它们完美纯粹，且合乎理性。我们能脱离开劳顿状态之困扰。我们创造了条件式的形式。它们有个中心，有个几何学；受到数学精神鼓舞，我们朝向更高、更公平的愉悦感而前进。我们超然而纯粹地创作。这个时代我们称之为典雅时期。

　　感觉的生理学：平静状态。

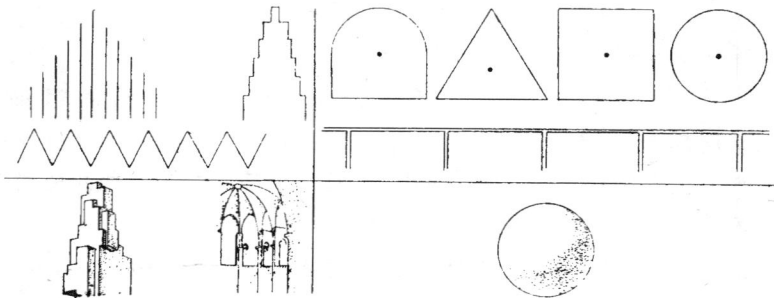

　　这些不同的图解本身几乎就足以定义出野蛮主义和典雅主义之不同。当然，在这两种情况下，人们都能够获得伟大的作品并使我们深为感动。然而，一方较另一方更为崇高，因为一方已是全部而另一方则仅是一种尝试。一方是完美的象征，另一方则仅仅是一种努力。一方令我们心醉神迷，另一方则令我们震惊。即使说艺术是人类戏剧的唯一舞台表现，然而其使命依然是使我们超越紊乱，且通过其力量而给我们以均衡的表达

劳顿状态。

源自人类的一切事物，双手或思想之创作，均有一种形态的秩序予以表现，宛如这种形态秩序是支配其构造的精神之反映。因而，不同阶段的文明，可以依其形态的不同而加以分类：直线和直角跨越了艰难与无知，成为一种力量和意志的明确表述。在直角盛行之处，我们方能解读到文明之高度。可以看到，城市逐渐摆脱街道的紊乱，而趋向于直线道路，尽可能直线地拓展。人们开始勾画直线之时，显示出他已获得对于自我的控制力，他已达到一种秩序之状态。文明是人类思想的一种直角状态。直线并非故意地被创造。只有当人类足够强大且足够坚定，准备充足且文明进步，热心期望并有能力描绘直线之时，直线才得以创造。在形态发展的历史中，直线的那一刻是一个顶点；其背后需经历各种艰辛的努力，方使这种自由的显现成为可能。

关于当代激情的定义：

我们的当代文明，源自西方，扎根于对古代文明的发展。经历公元1000 年的失败之后，在一个新千年中，它开始了缓慢的重建进程。借助于中世纪时所发明的简单而美好的创造工具，人类在 18 世纪留下了一些杰出的成就。而后的 19 世纪是有史以来最令人惊叹的准备时期。18世纪时提出了理性的基本原则，19 世纪时则通过宏伟的努力，赋予理性以分析和试验的方法，并创造出一系列全新、卓越且富于革命性的知识和方法体系，以助推社会变革。承袭上述成就，我们意识到当代激情之

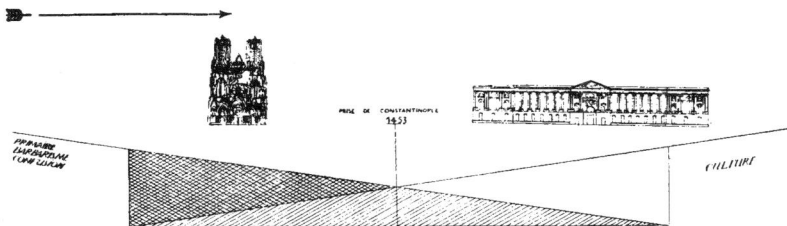

并不是要贬低大教堂，但它的出现只不过是恰逢其时。就像万神庙之后的古罗马一样，此刻西方社会的演进并未中断。社会的意义在于永恒之劳作。1453 年君士坦丁堡的攻克给我们带来了古希腊文明的光辉，引领着新的发展道路。知识取代了热情和痛苦的无知。新的思想状态自觉地转化为一种秩序体系。自路易十四之后 200 多年过去了。借助工具设备，人们能够通晓世界上的所有事件，就像他能够使自己了解过去和现在的全部人类成就。有理由相信，一种更加优美的激情将会出现，因我们今天的选择领域广阔无边，且我们已有能力进行选择

存在，并感受到一个创造性的时代即将来临。我们庆幸已经拥有前所未有之高效率的知识方法，我们被这种当代的激情所引领而飞奔前行。

此种当代激情是一种几何学的精神，一种建构与综合的精神。精准与秩序是其最本质的条件。我们的方法手段是如此的精准而富有条理，而那些赋予我们实现方法的不懈努力，也带给我们一种热切而理想的情感，一种坚定的趋向，一种迫切的需要。这是这个时代的热情。浪漫主义是那样的痉挛而混乱，真令人惊讶！这一时期的精神折射出分析方法之成就，其一旦爆发便如火山爆发一般。我们不会任由洋溢的精神肆意爆发。各种丰富的方法将我们推向社会大众，推向对简单事实的正确评判。我们摒弃掉个人主义及其狂热作品，宁愿选择普通的事件，日常的生活；其规则除外。对我们而言，日常的、规律性和共同准则，这是朝向进步和完美进程的战略基础。普遍性之美景吸引着我们，英雄般的美景似乎只是戏剧性的插曲。我们喜爱巴赫更甚于瓦格纳，喜爱万神庙的精神更甚于大教堂的精神。我们喜爱解决办法，虽然看到失败时备感焦虑，然而其伟大且令人感动。

我们热切仰慕巴比伦杰出的平面布局，崇尚路易十四的清醒头脑；我们将他所处的时代作为一个里程碑，并将这位伟大的君王看作是古罗马以来西方的第一位城市规划师。

环顾世界，我们看到工业和社会领域中的庞大力量；摆脱了纷乱喧嚣，我们觉察到了秩序与逻辑的渴望，并深感它与我们所掌握的现实方法相适应。新的形式开始出现；世界创造出一种新的态度。旧有的残余被粉碎、撕裂，摇摇欲坠。旧势力紧紧抓住最后一根救命稻草，试图苟延残喘，极力扼杀可能危害它们的新生发展力量，但这些旧势力的倾覆已指日可待。反作用力显示出一种行动的力量。一个不可言喻的轻微震荡动摇了一切，使得旧机器功能失常，它推动和引导着时代的力量。一个新的时代由此开启，新的事物也不断涌现。

首先，人类需要一个住所和一座城市。住所和城市产生自新的精神，当代之精神，现在，一股无法抵抗的力量已洋溢出来，令人无法控制，但却源自祖先的缓慢努力。

这是源自无数艰苦之努力和极其理性之探究的一种精神；这是"由一个清晰的概念所支配的建构与综合的精神"。

此处留位给当代激情之创作

这在乍看之下似乎令人气馁，而深思之后却鼓舞人心并给人自信：伟大的工业作品并非一定出自伟人之手。

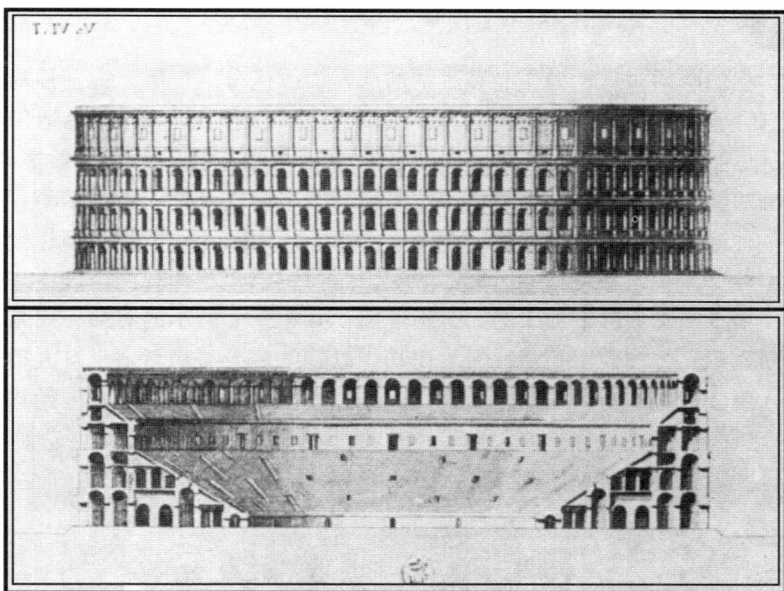

古罗马竞技场。吉瑞顿（Giraudon）图片

第 4 章　永恒

　　这在乍看之下似乎令人气馁，而深思之后却鼓舞人心并给人自信：伟大的工业作品并非一定出自伟人之手。其道理如同雨滴水桶，由涓滴积成；其创作者是渺小的，如雨滴般，非洪流那般的宏大。然而其成就是伟大的，如洪流般令人震撼；洪流乃由无穷之雨滴汇集而成。洪流存在于人们的心间，而非个别之雨滴。各个时代所留下的一些迄今仍深刻打动我们的工业成就，是经由那些平淡而朴实的人们所创造的，他们思想有限但却直率；在方格纸上运算的工程师，用 α 和 β 等符号代表大自然的力量，演绎出一系列的方程式，冷静地通过计算求得缜密的数据，这些数据引领着像我们这样一些富于诗意的人们走向激情的极限，而后

感动我们。这是真实的，时刻都掌控着我们，确信无疑。真让人无可奈何。

　　我们必须对理性的作品和激情的产物加以区分。实际上，理性的人也总会有某种激情，极端理性者在运用计算尺之时会不自觉地运用激情，尽管可能是微不足道的。但真正的激情会激起我们的非理性情绪，冷酷的情绪或是热烈的情绪，小心谨慎的情绪抑或无拘无束的情绪；它是一种激情的潜能，最终将决定人们的命运，决定性的情绪与事态发展密不可分。我们总是这样，借助于知识而一定要超越理智的限度；理性是一本不断有后继者加入的无穷的账册；并非一个微小的谷粒，而是会不断累积；个体会腐朽消败但累积却得以持续。人类的激情，自人类之始，便已恒常不变，在生与死之间延续；数世纪以来其波动范围始终在一个极大值和一个极小值之间。借此，我们得以衡量人类创造物之永恒。

1847 年。周日，人们前往观赏的蒸汽机，火车北站（Gare du Nord）
（特指巴黎的一个火车站——译者注）

1923 年。相同比例的特快列车，自巴黎到布鲁塞尔的行程约 3 小时。

1847 年。口吐白沫的骏马……

1923 年。出色的骏马……

1950 年。无比出色的骏马……

感觉是恒定的，而机械物体则盛衰有变

1923 年。纽约。新大陆的发现。人们出版诗集：《纽约！》。狂热崇拜，仰慕。美吗？一点不是。混淆。混乱、剧变、固有观念被颠覆。美是另一回事；首先，它必须以秩序为基础

　　理性的作品持续地增加，其曲线不断上升；它创造了它的工具，此即所谓的进步。激情的感觉是永恒的：它摇摆于高低两极之间，数百年来不曾改变。基于此，我们可以大胆假设：感人的伟大作品与艺术作品，均是激情和知识之完美结合。

　　一般而言，人类似乎遵循一个既定的路线，这就像机械的齿轮一样。人们的劳作是富有规律的，局限于一定的范围之内；其时间表严密而精准；年被分成月——月薪；分成周——周日；分成日——起居，小时数是一样的。人类规律地工作，积累；但依然会有一丝或微弱或强烈的火焰在胸中燃烧：充满激情的生命。就是它，超越了工作的产品或品质，引领着他的命运。所有的工作在平静中不断积累，小的谷粒或大的岩石；曲线爬上了陡峭的轨迹。人们的激情激起了战斗，为了疯狂地奔向幸福而加以毁灭或陶醉其中：对抗、逃避、惨败或加以控制。

　　一般而言，处于激情状态的我们，就像行将溅出的桶中之酒；我们无从得知将会成为何人的杯中物。宏伟的人类工程持续地进行，越来越大胆，甚至带有一些那种会让上帝发怒的轻率。加法，计算尺，坐标

纸，沉着冷静。后文当我们讨论"我们的工具"时将会有一个清晰的案例，届时即可领会。一方面是普普通通的纠葛；另一方面则是艰苦而严密的努力，通过全面的控制而走向完美之结果。真让人无可奈何。

诗人站在这里，评判和辨别作品之永久性，因为他与加法正好相反，遵循着起伏的激情曲线。他超越了实用主义的目标，探索关于不朽的话题：人类。

工程师就像一颗珍珠，毫无疑问；然而他是一串项链中的一颗珍珠，他只能看到和认识与其相邻的两颗珍珠而已，过于狭窄的研究视野；从前因直接审到后果。工程师处于确定的状态。诗人则看到了整条项链：他看到了富于理性和激情的个体；之后他看到了人类之存在。

人类之存在，有可能变得完美；理论上，没有任何事物能够阻碍人类走向卓越。

此种完美而不朽之物，时常显露并留下圣迹，据此我们仍然能够辨识出人类所追寻之上帝：黑人神像、埃及神像、帕提农神庙、伟大之乐章……

这才是真正值得人们所希望的，永恒之物。

直到此时（19 世纪），我们的工具仍然是如此的不可靠，如此的不完善，它不能独占鳌头而排斥激情；激情以一种更迷人的现象出现。

人性历史上的第一场大改革突如其来，空前巨变，扰乱了我们的平衡；践踏着我们的快乐，给我们留下失落的苦涩滋味，以及关于浑然未知的未来之忧虑。猛然间我们找到了一套神话般的工具，它是那么强大、那么卓越，它完全颠覆了我们的欣赏标准，它有可能扰乱我们数百年来的分类标准。过多的宏大事件，在短暂的时间内冲击着我们：我们的评判基础已摇摇欲坠；我们的价值观已横竖颠倒，行将因嘲讽之词而终结。我们不堪地观望着：理性？激情？两股思潮，彼此对立；一个顾后，一个瞻前；一个诗人在废墟上暗自枯萎，而另一个则可能会被抹杀。

让我们将奴隶般的劳作留给过去，对于那些向往当今状况的人们而言，魅力真是太大了。当今之状况使人类摆脱苦役，将数字视为神明。这是一个钢铁的时代，钢铁的光辉着实令人迷恋。机械之美行将成为代表永恒秩序的新法典。但是这里又掺杂进一些错误。让我们对其中的一

PARIS AU DÉBUT DU XXe SIÈCLE. Une Promenade en Dirigeable au-dessus de Paris
Le Raid du CLEMENT-BAYARD
Parti de Sartrouville à 11 h. 15, se rend à Pierrefonds, y opère un virage, revient sur Paris, se dirige sur Auteuil
et rentre à Sartrouville ayant parcouru 250 kilomètres en 4 h. 55, battant le record du circuit fermé. — ND.Phot.

历史性资料：一张明信片。深得人心的一种感动。一项技术性的成就唤起了一种诗意的感觉。此种感动能持续多久呢？

些原因加以分析，之后我将给你可靠的证据，以证实鼓舞人心的人类进步，这样，在"真让人无可奈何"之后，我们会说，"这太鼓舞人心了"。

让我们尝试着对机械之美加以阐述。如果我们承认机械之美是纯粹理性的结果，问题立马就会出现：机械作品没有永恒的价值。每一件机械作品都将会比之前的作品更加完美，不可避免地，它也必将会被后继的作品所超越。昙花一现般的美丽很快落入可笑的境地。然而，事实往往并非如此；在严密的计算过程中，激情已经产生。工程师计算梁的断面；通过研究它的承受应力，他便可以得到弯曲矩、反力矩与惯性矩。而惯性矩往往是任意的乘积，以梁的高度与宽度计算所得。工程师选择某个高度的原因仅凭他自己的喜好罢了；宽度也随即产生。个人喜好、感觉和激情的介入，导致：笨重的或纤细的梁。用同样的道理去思考更重大的工作，您即可观察到激情的角色。因而，在两个具有相同效率的机器中，我们会说其中一个比较好看。通过观察美学特征，您能辨别出它是法国机器、德国机器或美国机器等等。机器开始具有了生命，有了脸孔与灵魂，走向衰败的可能性逐渐减少，其难题已经超出了单纯计算的领域。它的生命将如同时代所赋予它的那般久远。如骏马般呼啸的火车头，不再只是废铁上的铁锈，其战马般的腾跃激起了于斯曼（Huysmans）的抒情诗作；下次汽车博览会上将会展出的雪铁龙，减缓底盘振动的目标经过长期的努力已得以实现。然而古罗马时期的引水渠还在，竞技场被虔诚地保存着，加尔桥也都还在。但是，加拉比（Garabit）（埃菲尔设计）桥所给予人们的激情能够持久吗？在这个问题上仅凭推理是远远不够的，须留待后世评说；在这一点上，我们只能感受到我们对于伟大工业作品未来命运的无知。我们的热情是巨大的；它们在很多情况下都扎根于生机且健康的天性。人类之激情一旦发生，其作品便将永世长存。

　　但是，这尚是一个冒险的判断，因为您们是否曾看到过工程师变成充满激情的人吗？这真的很冒险。否则，工具将不能长足发展。工程师必须稳固地坚持住，保持计算者的角色，而他特殊的职业道德，即保持理性。

　　此种情况下，个体之激情只能以集体之现象予以表达。所谓集体现象，即一个时代的情绪状态，它借教育、蜕变和补充等一系列伟大的持续运作活动，能够应用于集体或个人，它是纯粹的产物，对人类至关重

这是一个钢铁的时代；一个混乱的时代，一个新尺度的介入扰乱了已被公认的标准。人们十分惊讶。激情、数学的诗意……但是，1920年时大转轮遭到破坏；人们的评断业已形成，偶像却俨然殒灭

要的数学媒介，因为它赋予了群众以统一的阵线与一致的激情。因为它，通过一种客观而清晰的计算，新的价值（一个时代的"＋"与"－"）建立起来。一种普遍应用的思想方法得以出现。而数学的作品，不需多作补充，正是由这种既普遍又属于人性尺度的激情所支持，在这种人类的尺度中，人类的存在衡量着其最高和最低的限度。

＊
＊ ＊

在数学作品之前，人们面对着一种具有高度诗意的现象；此现象并非个人造就；基本单元的累加才是所需要的。人们于是意识到其潜在力量之所在。在个体的辛勤劳作之上，由民众的力量而托起一个舞台，此即时代的风格。

一切太鼓舞人心了。人类正在创造伟大的作品。

在这个崇高的舞台上，富有天赋的人们开始创造一些不朽之作品，神的肖像，抑或帕提农神庙。

城市深深地扎根于计算的土地。几乎所有的工程师都要为城市而竭力工作。通过他们城市必需的一些设备得以创建。这对于实用性或结果的永恒性而言，都是十分必要的。

＊
＊ ＊

而城市之意义在于其永恒性，这是深思熟虑之得，而非仅计算所得。

只有建筑，才能够给出超越计算的成就。

新的景观。新的尺度。新的器官。新纪元开始之预兆。诗人深谋远虑，他以新的尺度构思城市。根据这些证据，他知道一个伟大的时代即将出现。向埃菲尔铁塔致敬。50年后的今天人们依旧剑拔弩张地支持或反对埃菲尔；总会有些活死人僵立着与真理作战。一旦城市成为了铁塔的尺度，铁塔的永恒性就将被我们所探究

加尔桥。古罗马帝国。属于伟大建筑作品之列。远远超越了单纯的数学计算

加拉比桥（埃菲尔设计）

帕拉第奥设计的位于维琴察（Vicence）的圆厅别墅。阿里纳西（Alinari）摄

必须提防快乐的天敌——绝望——悄无声息地袭来。绝望的城市。城市的绝望！

比萨：圆柱体、球体、锥体、立方体

第 5 章　分类与选择
（检验）

> 城市之意义在于其永恒性，这是
> 深思熟虑之得，而非仅计算所得。
> 只有建筑，才能够给出超越计算的
> 成就。
>
> ——《新精神》，第 20 期

让我们对城市的客观事实进行检验，暂时勾勒出视觉印象与视力的范围，看看那些引起疲倦或安逸，喜悦或沮丧，高贵、自豪或漠然、厌恶、反叛的种种。

城市就像一团涡流；必须对其印象作出分类，辨识出我们对于它的感觉，并选择那种有疗效且有裨益的方法。

让我们首先留意自己的眼睛；其次是耳朵、肺与腿。

眼睛观看，大脑记录，心脏跳动，这些同步发生的现象影响着每个人，不论粗人或精英。

经过对影响我们身体和刺激我们心情的上述事情之检验，我们能够获得一个重要的结论：我们将会理解，较之城市的结构更加重要的，是我们所谓的城市之灵魂。城市之灵魂，从存在的实用方面来看，是那种毫无价值的角色，它是一种纯粹的诗意，依附于我们而存在的一种绝对情感，一种完全特殊的状态。城市的结构只是一个适应的问题；当它呈现出完美时，我们快乐地接受；当它出现困难时，我们则会尽力地作出调整，及时消除困难，若困难不能被消除，则城市的结构终将会在未来的某一刻被粉碎掉。尽管后文的研究中我会将城市的结构置于一个非常重要的地位，此处仍需要特别指出，这种结构性和谐化，同与我们的感性存在及情感组织有联系的深处的最终感觉有关，而情感组织则掌握着人类幸福或痛苦的秘诀。

城市规划学所关心的，正是人类的幸福或痛苦，城市规划学致力于创造幸福并驱逐痛苦，这正是适合于当今这个紊乱时代之需要的科学；如此时刻诞生出这样一门科学，意味着在社会系统方面将会发生重要的演变。一方面，它抨击个人主义贪婪愚蠢地蜂拥至自私的行径；这种一

拜占庭：七塔楼；水平的中央轴线。白色大理石

拥而上造就了大城市。另一方面，它将会引导着大城市在关键性的时刻进行自我的矫正；团结、同情、渴望美好事物的情绪，产生出迈向一个明确且富有建设性和创造性的目标之强大意向。人类在某个时刻将重新开始创造，此即为人类幸福的时刻。

* *

痛苦或安逸

灾难：纽约；人间天堂：伊斯坦布尔。

纽约是令人激动、令人震撼的。阿尔卑斯山也是这样，暴风雨也是这样，战争也是这样。纽约并不美丽，如果它刺激到我们实际的行动，那就是伤害了我们对于幸福的感受。

仔细观察：影响我们的两种感觉，痛苦与安逸。第 3 章"激情洋溢"中为我们提供了两个轮廓：蛮野的状态与典雅的状态。对于生理学刺激的精神性反应，我们可以表现为：痛苦的状态，安逸的状态。每当直线被断掉、颠簸、参差不齐、缺乏韵律时；形式变得尖锐、令人反感时，我们的感觉会痛苦地受到影响。我们的精神遭受这种紊乱、粗糙、

伊斯坦布尔：最柔和形式的美妙旋律

缺少优雅的影响；结果就是"蛮野"。当直线处于延续和规律状态时，当形式被一个明确的规则完整而连续地统率着时，我们的感觉得到了抚慰；我们的情绪得以舒展，得以解放，脱离了嘈杂，满溢着光辉；结果是"典雅"，它得到了升华，而我们则满心欢喜。

此即真实之基础，它是生理学的，无可辩驳的。

城市将破碎的线条强加于我们身上；天际线被锯齿般地撕裂。何处能找到安逸的感觉呢？

在著名的艺术之城中，我们所到之处都有那种整齐有序、围绕中心或沿轴线布局的形式。

水平线，完美的棱柱体、角锥体、球体、圆柱体。我们望着它们那纯粹的形式，内心愉快地接受它们，遵循它们轮廓线的精准度。既安详且愉快。

当你去北方的时候，大教堂卷叶式的尖顶、微弱阳光下的针叶林与寒雾，反映出的只是肉体的痛苦、精神的折磨、苦海与炼狱。

我们的肉体需要阳光。

有些形式则是鄙弃阴影的。

*
* *

和 谐

正如味觉器官想要享受一餐精心安排的美食的多样性一般，我们的眼睛则希望能够享受井然有序的感觉。这是质与量之间的关系，它使得机能得以整合。不要总是注目于一个方向，那将会非常疲倦；应该让散步时的景致不断"轮换"而不至于疲惫昏沉。

眼睛的背后，是这种敏捷、慷慨、丰饶、富于想像力、合理且高贵的东西：精神。

置于您眼前的将会是喜悦。

繁衍这一喜悦：所有一个人所获得的，被散播在他的全部天赋中。多么了不起的收获啊！

您能够运转的绝妙机器；知识与创造。协调。为了获得形式的安慰，需了解它们是如何产生的，它们以何种关系而共同运作，它们如何满足一个变得明显的意图，如何将之归类在根据被选图形建立起来的类

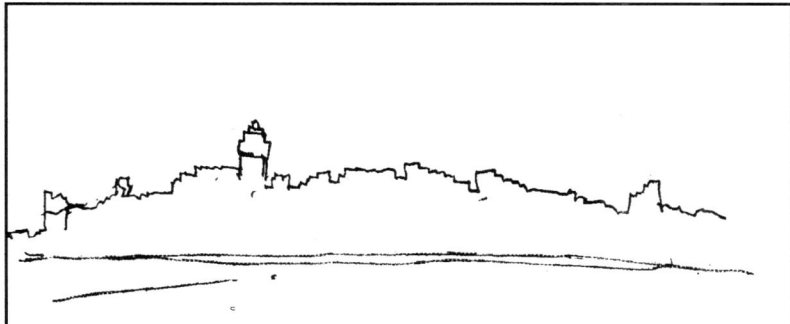

佩腊：锯齿状的城市轮廓。
海盗，淘金者

伊斯坦布尔：清真寺尖塔的虔诚，扁圆屋
顶的平静，警觉但方向不变的阿拉真主

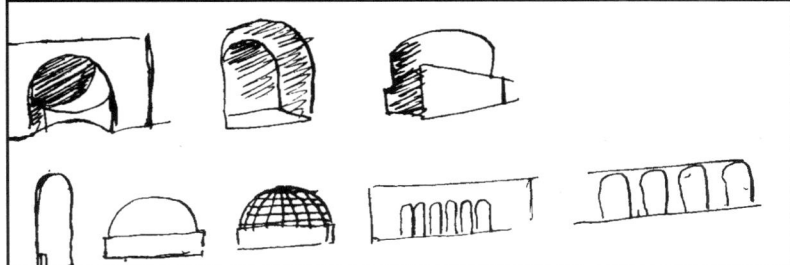

罗马：几何，不可抗拒的的秩
序，战争，组织，文化

锡耶纳：中世纪令人吉做的混
乱。炼狱与天堂

伊斯坦布尔：宣礼员（muezzins，由寺院拜楼大声报告祷告时间的人——编者注）、水烟筒（narghilés）、安详的墓园。过去、现在、彼世：永恒性。角柱形的悲歌

型集。甚至于衡量、比较它们的精神：亲身体会其快乐与苦恼……在艺术之城的圣地里，除了使我们的感觉与精神欢乐之外，除了认识到石头可以见证人类能感知之伟大。除了亲自去感受这种确定性所产生的喜悦，我们还能做什么？因为我们"琐事"，我们的舒适、金钱、裤子上的皱褶等，所有这一切，在这种确定性的喜悦面前，都变得黯然失色了：感受伟大吧！

必须提防快乐的天敌——绝望——悄无声息地袭来。绝望的城市。城市的绝望！哎哟，市政当局的议员们早已把绝望散播在您的城市里了！

唉，这却是到处都存在的！

＊
＊＊

城市，借其给予眼睛的馈赠，产生出喜悦或沮丧，高贵、自豪或反感、厌恶、漠然，安逸或痛苦。

这是一个形式选择的问题。但这里所指的形式，并非矫揉造作的形式，也不是路易十四、巴洛克式和哥特式的风格，或已死掉或过时的古代风格。

行将出现的城市，自身将拥有一个丰富的结构、一股强劲的动力、一所具有无数精密装备的工厂，一场被控制住的台风。

拜占庭：瓦伦斯（Valens）的引水渠，漫无边际的水平线穿越周边的乡村，在七座小丘之后形成一个挺直的背脊

伊斯坦布尔：其垂直性通过纯粹的角柱体实现——与哥特式建筑完全不同的希腊风格

　　所谓的形式是指出自我们自己的节奏、超越计算的范畴、充满诗意的纯粹几何学的永恒形式，其内部运行着难以改变的结构。

眼睛可以被虐待或抚慰。

灵魂可以被颠覆或颂扬。

记载于议事日志中市政当局对于形式问题的看法："决策必须对某些有害的形式加以禁止，对有益健康的形式加以鼓励。"

台伯岛，根据古老的雕刻所绘制

土耳其格言：建设之处，则需植树……
在我们国家，我们却常常砍掉了它们。

检察官楼，威尼斯。在圣马可广场这一片巨大的墙面上，由于无数窗体的一致性，使得墙面宛如一个房间内平滑的隔墙。相同元素的叠加使用赋予了墙面无限但易于理解的庄严感，形成一种清晰而简朴的形态类型。圣马可当地的鸽子增强了各模块的一致性，为建筑设计提供了一个多样化且富有力量的注解

第6章　分类与选择
（适当之决定）

城市之意义在于其永恒性，这是深思熟虑之得，而非仅计算所得。只有建筑，才能够给出超越计算之成就。

——《新精神》，第20期

在认清了我们的感觉之后，让我们对那些能够给予我们安慰且对大众幸福有益的各种可能方法作出选择。

* *
*

城市就像一团涡流，尽管如此，它仍然是一个拥有各类不同器官和

轮廓外形的集合体。通过这一集合体，我们能够理解城市的特征、本质与结构。对城市的分析属于科学研究的范畴，连贯一致的集合体足够确定城市的原则。

从城市的地质、地形状况以及它的政治、经济和社会角色，我们可以了解其演变过程：通过它的过去、现在以及它正在酝酿的趋势，我们可以推算出它的未来发展曲线。统计学、曲线图，大都是有 a、b、c 之类的方程式，而其中的 x 与 y 变量皆可预先计算出某一近似值。就此而论，至少结果的意义是正确的，而在应用上，可以随时根据突然的变化而对有关数据进行调整修正。总体的判断是至关重要的，它能赋予我们以某种远见。

预测是十分必要的，同时也是不可或缺且刻不容缓的。

因此，我们在作出某种有效的决定时，应当给未来的发展留有一定的余地。

* *

就广义而言，由于某一主管机构的引导（市政官员的决议），城市的发展能够给我们一种协调一致的感觉——这足以让人安心。

城市发展的详细内容，包括了个体基本单元（住宅）的产生，而每个单元都是一个独立的个体，彼此间缺乏连贯。这是严重的威胁。此种困难恐怕永远无法避免，这一缺陷只能由人为的方法解决，即建筑在城市规划活动中给予巧妙地安排和应对。例如，通过分组可以将各种基本单元组成一个大家庭：里沃利路（Rivoli）、旺多姆广场（Vendôme）、巴黎孚日广场（Vosges）、威尼斯的检察官楼、南锡（Nancy）的卡里尔广场和斯坦尼斯拉夫广场等，出色的安排与有意的配合令居民感到十分满意，创造出一种高贵的公民道德，更不用说，这也为旅行社赢得了丰厚的利润。

这就出现了下述情况：对整体发展预测的精度，在详细发展中有大量的未知性因素，而这些未知性因素具有一定的威胁性。

但是，细节就是整个城市；城市的细节，是一千次重复的单栋住宅，因而才是整个城市。

整个城市的状况取决于每个基本单元的状态，而这是我们无法预料的！

　　然而，行走在城市之中，我们的思想能够对未来总体发展的价值或无效性作出评估，能够对一个协调而杰出的规划方案进行鉴赏，与此相反，我们的眼睛则往往由于视力范围的局限，只能看到一个个基本单元：一种断断续续、毫不连贯、各种各样、纷繁复杂且令人疲惫不堪的景象；天际线粗糙紊乱，每栋住房体现出各不相同的秩序。喘不过气的眼睛只能感受到疲惫和痛苦不堪，在这样一种初步体验之后，人们的情绪只能变得混乱、疲倦且倍感痛苦。

　　这就是我们关于城市分析的批判要点：肆无忌惮的、致命的、难以避免的个人主义戏剧场面。精疲力竭：乌合之众！当前或未来的城市发展，均缺少那种科学、智慧和艺术领域的统一秩序。

　　我们必须提防盲目的乐观主义，宁可接受一种最坏的结果，就像目前我们的日常饮食一样。

　　由此可以得出下述假设：

　　一旦有统一的秩序对各种基本单元加以支配，混乱将得以避免，场景得以组织，而安逸将会降临。

　　一旦细节之中具有统一性，精神将获得自由，并将以一种新颖而活跃的兴趣，去思考整个城市之完美布局。

　　如此便得到一个理想而明确的目标。早在路易十四时期，洛吉耶神父（Laugier）就曾指出：

　　1. 整体上之混乱、嘈杂（即对位法、赋格曲与交响乐等元素的丰富乐曲）。

　　2. 细节中之协调、一致（即细节中的克制、审慎与标准化）。

＊
＊　＊

　　现实并不能与第一个假设取得一致；因为市政官员规划的街道永远只是一些廊道。

　　相反地，现实与所谓的第二个假设背道而驰；我们因不适当的细节而屡遭攻击。

　　而装饰型城市规划师、对锻铁栅栏或消亡店铺的爱好者等，则使我们的错误愈陷愈深（老实说，他们太过着急了，对他们的规划加以修正之后即可获得好的结果）。

以民居盒子里一些相同的元素为基础，古罗马建造起了宫殿与神庙。它们脱颖而出。建筑挣脱了城市中的混乱

过去的历史符合我们的两项假设，所谓的"艺术"城市也与此有关：布鲁日、威尼斯、庞培城、罗马、古巴黎、锡耶纳、伊斯坦布尔等：总体布局的宏大观念，以及细节的显著一致性。是的，就在细节之中！[1] 在这些幸运的时代里，人们具有相似的建构习惯。直到 19 世纪，一扇窗、一道门，都是"人类之洞"，即人性尺度的元素：屋顶依照一种普遍接受的优良习俗而建造。房屋形式是最值得称颂的完美形式，它具有一种良好的技术手段，具有一种经济的建造方法，相同部落、家族和血统的每个房屋均是如此。它们体现出一种不可思议的一致性。在伊斯坦布尔，所有的民居都是木造的，所有的屋顶都具有相同的斜度且覆

---

1. 如此的断言会激起莱昂德尔·瓦莱先生及其追随者们的怒火（瓦莱先生置身于此令人肃然起敬的队伍之中——我并非嘲讽，我称其为令人肃然起敬是因为具有最高价值的人们组成了主流——瓦莱先生是队长的秘书兼打字员）。"什么？所有的路易十六、路易十五、路易十四、路易十三，所有的弗朗索瓦、亨利等等，细节中的一致性？根本是欺骗！"概念的一致性，如此的一致性，在这些时代所谓的"风格"。小孩也能找到头绪。这太美好且非常有益。

盖着相同的瓦片。所有的大型宗教建筑（清真寺、沙漠旅客歇脚的客栈等）都是石造的。基于统一的标准。同样地，在罗马与威尼斯，所有的民居都是砌造粉刷；在锡耶纳则是砖造，相同尺度的窗户，相同斜度的屋顶，覆盖着相同的瓦片，全都是相同的颜色，宫殿与教堂是用大理石和金子建造，并以"神的尺度"雕塑，显示其高贵（当然并不总是这样）。这是显而易见之事。在土耳其、意大利、法国、巴伐利亚、匈牙利、塞尔维亚、瑞士、俄国，在动荡的 19 世纪之前，所有国家的民居都是相同品质的盒子，即使经过数世纪之后，也只有些微的改变，随着文化与工具之发展，需要允许民居的品质随之相应改变。标准化与细节的一致性处处可见。

精神平静下来了。

此时，宏伟的布局得以脱颖而出。

*
* *

细节方面的一致性

今日之每件事情都在推动着我们，更确切地说是在激励着我们，朝向此种趋势。当前的社会发展，已将城堡和村舍住宅之间的差距消除。

今日之富人正趋于简约化，因为外表的价值正日益消减；穷人也逐渐拥有更多的权力。此种均衡性逐渐趋于稳定，并集中于一些人性尺度的基本单元；明日即将来临的工业化建设[1]只能靠采用相同元素的方式才能实现。这些元素逐渐趋于一致化。[2]

基于这种统一的脉络，我们将获得一个动人而杰出的总体布局。

---

1. 建筑施工的产业化。

2. 一个重大的事件已经出现：钢筋混凝土的普遍使用。这项新技术为发明家和设计师提供出了极为重要的新方法；这样就可以以露台来取代阁楼。从此，屋顶不仅可以居住，更能够成为一种特殊的街道，一种漫游的空间。街道的轮廓，由靠近天空的房屋的外形所决定，它无需再建造任何天窗、复式屋顶等等，从造型学的观点来看这些元素都是混乱的制造者。取而代之的将是一条纯粹而简朴的直线。目前，靠近天空的房屋的外形轮廓是城市美学中最重要的基本元素之一；它将在第一时间打动你的眼球并留下决定性的印象。因而，正对天空的一个具有统一檐口的街道，是朝向杰出建筑的一个重大一步。在市政当局的议程中如能采纳此种革新，将会给广大城市居民带来极大的福祉。我们永远都要知道城市的命运是决定于市政当局的；市政议会则决定着城市规划的前途。

　　简而言之，如果建筑施工要工业化发展，必须摆脱掉过时的根据每一个居民的情况"量身定做"的独栋住宅建设，而转向对整条街道、甚至是整个地区建设的关注。因此，我们必须仔细地研究基本建设单元，亦即"人"的住所、固定的模距等，遵循大规模生产的需要。有无数此种建设单元所创造出的统一而稳定的城市框架，远远摆脱掉了可怜的甬道式街道，而走向伟大的建筑运动：城市规划将遗弃掉今日之"甬道式街道"，并借新的住区规划方案，创造出人们所期望的另一种更大尺度的建筑交响曲。

　　挤在高耸建筑物之间的甬道式双行人行街道必须消失。城市理应成为一种甬道式宫殿之外的东西。

　　城市规划需要细节中的一致性与整体上的变化性。

　　这些观点已足以使我们被辱骂为反基督教主义者。

巴黎孚日（Vosges）广场

*
* *

　　信徒们不会马上出现。在一个一般性的统一标准被那些在整个职业生涯中激荡着青年时期考古学课程的建筑师们所接受之前，将会有一段很长的时间。

但是有另外一点需要引起注意：

放眼未来，大量的规划项目将促使长满"触手"（tentaculaires）的城市对其衰败的城市结构进行改造；迄今仍难以预料其尺度的基本单元，将会实现尺度的庄严感：纽约——一个蛮野之城——已经提供出了一些必不可少的手段：摩天大楼，钢铁、钢筋混凝土……以及随之而来的一切；造就建筑的一切，光线、空气、热能、卫生，以及慢慢来临的大规模工业生产技术，并将会发明出一些难以预料其尺度的新事物。20世纪仍然仅仅是披着前工业社会人性的袈裟。这就好像公共的经济、商业、政治和金融活动仍然是由邮差及其马力和驿站所掌控一样。20世纪的觉醒将会是令人惊诧之事；至少对我们而言将会如此，说不定明天我们就会发现，新城市已是既成事实。新的构想将会不断发展，在不知不觉的某一天，我们将会发现自己已被移植入一个新的城市。

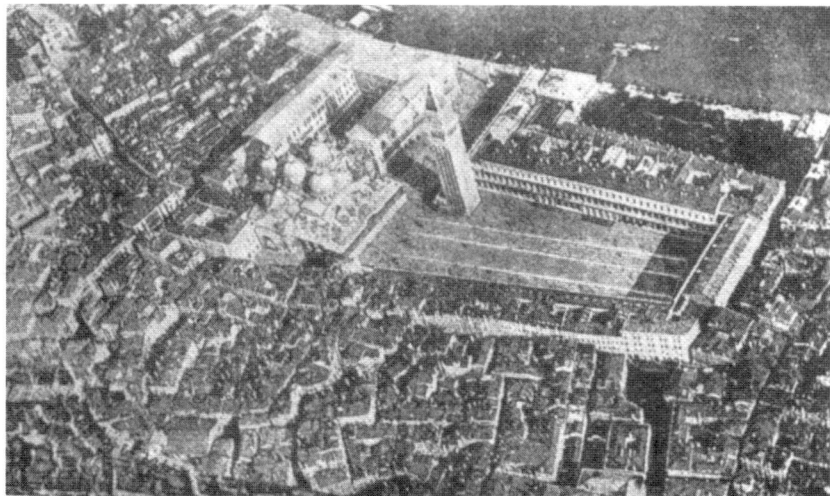

在威尼斯，普通城市街区的共同秩序使得杰出的广场空间以一种鲜活的姿态脱颖而出

基本建设单元（住房）将会出现在 20、40、60 层的高楼中。[1]人们的身高通常仅有 1.75m 左右，这种无法改变的情况，将会使人们难以适

---

1. 最近我看到过美国的一个硕大无比的旅馆设计方案的照片，它足足有180层高！

左边是佩腊的黄金角（Corne d'Or）；右边是伊斯坦布尔。时属热那亚的佩腊，矗立着高耸、拥挤且笔直的房屋；棋盘式的窗体式样使得整个建筑体量具有一股强大的内聚力。伊斯坦布尔散布的一些红屋顶就像一片海洋一样，如雕刻般白皙的清真寺安详地耸立其中

应巨大的城市建筑物。为此我们必须对这种会产生过强的痛苦感的棘手空间加以补救，引进一些使人类尺度和城市尺度相协调的适当比例，并使其成为共同的尺度。我们能否在城市规划师的抽屉中发现一些隐藏的适当比例，完全满足人们的习惯需求，并给人们带去喜悦、娱乐、美丽与健康？

必须植树啊！

不管我们是否幸福地获得一个共同的建筑尺度，一个适应于新时代需要的完美的建筑模数，也不管我们是否继续着物质方面的痛苦和一种可悲而自私的个人主义；在任何情况下，树木都是有益于我们的身体和精神健康的。

通过绿化城市景观、通过将自然融入我们的工作，新的建筑精神，和迫在眉睫的城市规划学将满足人类的各种功能需要[1]：于是，我们的内心能够感到安慰，即使是在面对大城市的那种令人束缚和窒息的可怕威胁之时；工作是慷慨而必要之事，它将给思想带来安逸，并引领至创造之愉悦。

明日城市之巨大形象，将会在令人愉悦的绿荫中成长。细节中的一致性，整体上极佳的"纷乱"，共同的人类策略以及人与自然之间的协调比例。

---

1. 土耳其格言：建设之处，则需植树。在我们国家，我们却常常砍掉了它们。伊斯坦布尔是果园，我们的城市是碎石堆。

伊斯坦布尔。到处都是树木，杰出建筑耸立其中

伊斯坦布尔。房屋周围长满了树木：人与大自然之间的一种和睦关系

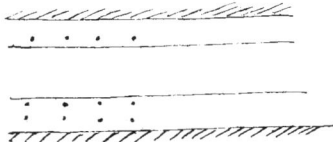

巴黎玛德莲娜（Madeleine）林荫大道。今天的林荫大道：每边各有两排树木，在此处经营饭馆的维耶尔（Viel）深知绿洲对当代巴黎之价值。一个具有伟大意义的微小迹象

　　明日之建筑将独具其美丽之处，它天生具有一种高尚的热情，并被未来的城市规划师良好地加以布置，一种有计划的平静、惊奇、诧异或发现之喜悦，将赋予其应有之价值。

　　这既不是在尚蒂伊（Chantilly），也不是在朗布依埃（Rambouillet），而是在巴黎的蒙梭（Monceau）公园。一个明显的目的：明日之城市绝对可以存在于绿树成荫之中。纽约的失败之处在于其未将摩天大楼建于"蒙梭公园"之中。乌托邦吗？确实是很大的挑战！

——那汽车咋样呢？

　　——真是太好了，伟大的政府官员回答道，汽车完全行不通了！

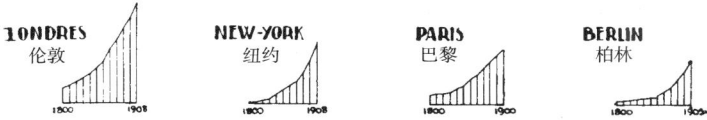

人口增长
ACCROISSEMENT
DE.LA.POPVLATION...

LONDRES 伦敦   NEW-YORK 纽约   PARIS 巴黎   BERLIN 柏林

la GRANDE VILLE est un evenement Recent   大城市是一个
de consequences foudroyantes   新事物，具有
la menace de demain 明日之威胁   破坏性的后果

	1950	1800	1890	1910
PARIS	647 000	9 800 000	9 800 000	5 000 000
LONDRES	190 000	800 000	5 800 000	7 100 000
BERLIN	192 000	1 840 000	3 400 000	
NEW-YORK	60 000	9 800 000	4 500 000	

第7章　大城市

大城市是最近50年才刚刚出现的新事物。

大城市的发展已经超出了人们所有的预期。

这是一种疯狂且可能造成烦扰的发展。

适应"发展"的工商业活动，是一种势不可挡的新景象。

交通工具是一切现代化活动之基础。

居住的安全是社会平衡之先决条件。

大城市的新景象出现在古老的城市中。

如此的失衡，将引发巨大的危机。

危机才刚刚开始。它将引起紊乱。

不能对现代社会的新情况作出迅速适应的那些城市，将被扼杀；将走向灭亡；其他能够良好适应的城市，将取而代之。

城市的原始格局不合时宜地持续阻滞着城市的发展。

在一个无法发展的城市中，工商业活动将被遏制。

大城市中保守势力的活动阻碍了交通的发展，阻滞、剥夺了活力，扼杀了进步，妨碍了创新。

古老城市的腐朽与现代工作的紧张节奏，使人倍感痛苦。现代生活需要恢复已损失殆尽的精力。卫生及精神之健康，依赖于城市之布局。一旦丧失掉卫生及精神之健康，城市社会之基本单元便将衰竭。一个国家的希望，在于其居民的活力。

如若不能适应新情况，今日之城市便无法符合现代生活之需要。

大城市决定着国家之命脉。如若大城市遭到扼杀，那么国家亦将陷入衰败。

为了改造我们的城市，必须探索现代城市规划之基本原则。

（"现代城市"鸟瞰图的附加宣言——《秋季沙龙》，1922 年）

大城市决定着一切，和平、战争、工作。大城市是创造世界作品的**精神工厂**。

大城市中获得的解决方法领先于其他地区：潮流、时尚、思想和技术方法的发展等。一旦大城市中的城市问题得到解决，整个国家都将实现复兴。

事实：国家是由数百万的从事一定工作的个人所组成的；生活中的日常琐事常常充斥着人们日常思维的有限空间。我们常常以既有的态度开展工作，因为一向如此。然而，历史能够向我们展示饥荒与丰裕的交替、幸福与沮丧的波动；它向我们展示了人民和霸权的攀升，同时也展示其衰败和灭亡；它展示出不同民族各不相同的价值标准。历史是一种不断发展的进程。起先产生自游牧民族分散的帐篷，随着社会生活的发展，人类的活动空间逐渐转向村庄和城镇，最后到首府。首府现在变成了人们生活的中枢。首府位于大城市的中心。实际上，即使是在其他地区，不论是工厂或海上的轮船、车间、仓库、乡村与旷野，所有的一切活动都受到大城市的支配：这些活动的条件、品质、价格、用途；命令与行动策略，均来自于大城市。

机器时代之影响已经展现，人类利用一系列新工具加快其发展节奏；速度如此之快，使我们难以接受，通常而言，精神往往超越于现实，如今却正好相反，精神远远落后于不断发展着的现实；只能用比喻来形容此种情形：淹没、泛滥、入侵。变化节奏如此之快，人们陷入一种不稳定、不安全、疲倦且充满错觉的状态（他们仅靠一些个别的小发明就能成事，就像几根火柴和几公升石油便可引发一场大火一样）。我们的身体和神经组织，正备受这股湍流的摧残与蹂躏而呻吟着，除非获得一种秩序，否则它将被一道强劲、彻底且迅速的冲击所撕裂。

农夫耕田播种，须仰赖阳光与雨露，方能见五谷萌芽。其他人被某些（神圣而非凡的）力量所推动，凭借双手与头脑进行创造，逐渐相互帮扶，摆脱了独断专行，从而创造出一种集体的景观。他们正在建立一座庞大的工作场所。集体景观是由秩序所统率的，秩序是任何行动的第一要求。一种思想正在空气中荡漾，对一种恰逢其时的新学说持普遍之赞同态度。此种价值观的金字塔正慢慢叠起，阶阶发展，一系列的发展进程被一种可以预想的热情所鼓舞着。阳光从高处照耀着我们。美景会时常涌现，这是一种真正协调所造成的结果。新形式不断出现，基于感官和精神的愉悦。那些感觉生活狭隘空虚、野心勃勃的人们，从远处蜂拥而至城市中心。不久以来，已有的物质手段将无数梦想、希望纷纷带到中心。这些中心发展膨胀而向四处扩展；人们奔向它们，涌向它们，工作于其中，奋斗于其中，即使被"烧伤羽翼"却也在所不惜。适者生存的法则永远奏效，并产生出一股循环不断的野蛮力量。大城市处于颤抖与骚乱之中，压垮弱者，提携强者。卓越且充满强劲活力之基本单元，即存在于此安详的腹地之中。

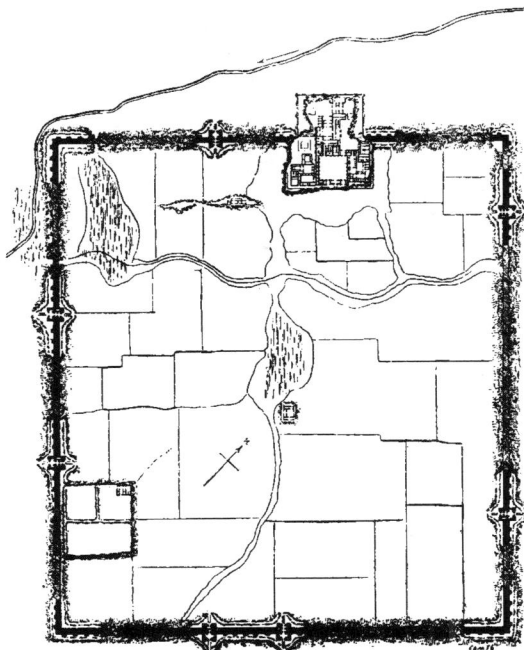

Khorsabad.

科萨巴德

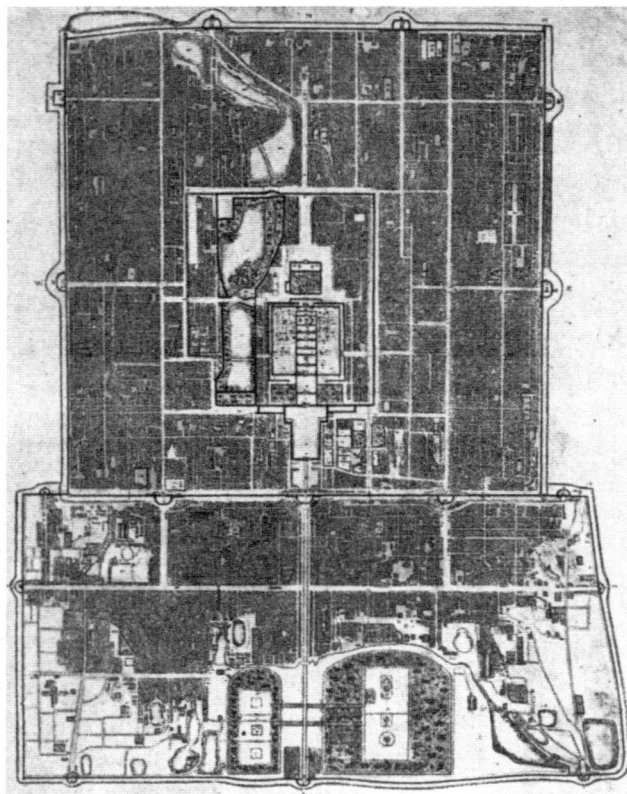

北京。——此平面与第 83 页的巴黎平面相比。西方居然打着"传播文明"的旗号侵略中国！

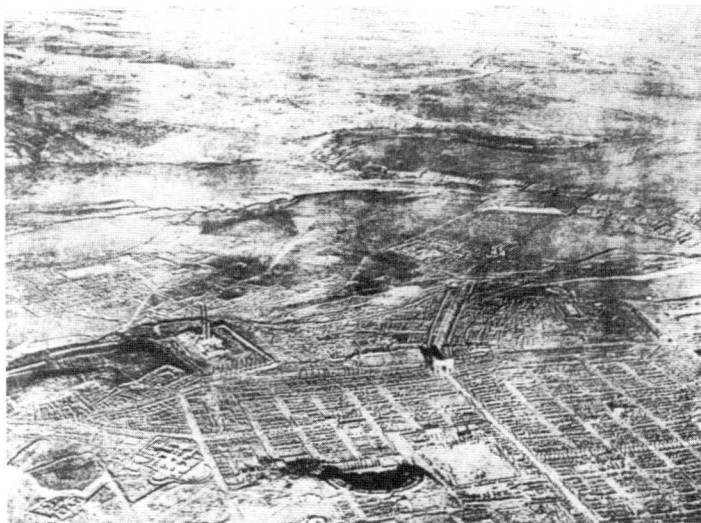

古罗马文明：堤姆加德（Timgad）之鸟瞰图

北非：凯鲁万（Kairouan）

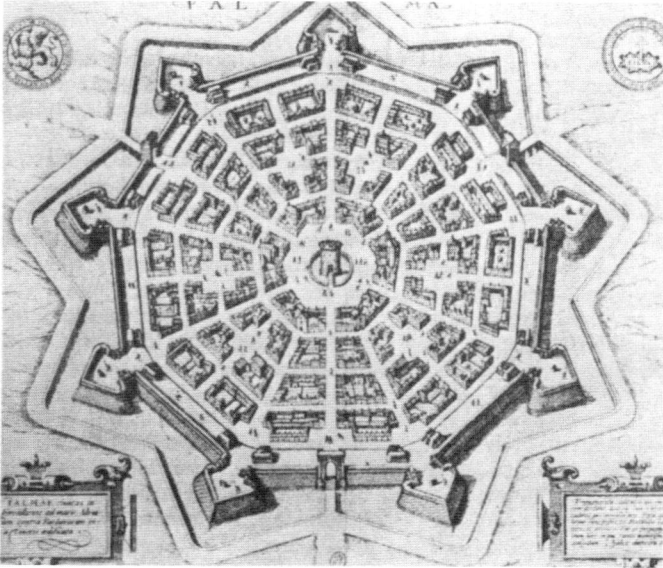

帕尔马诺瓦（Palmanova）：文艺复兴时期的军事城市。吉罗东图片社提供

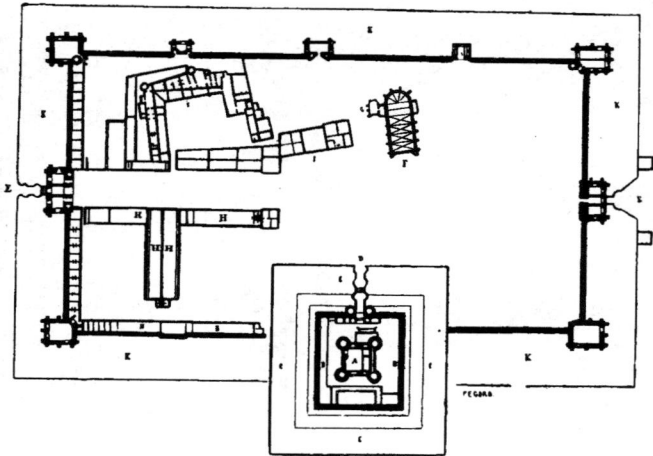

法国：14 世纪的万塞讷城堡（Vicennes）

……远处，其他的腹地也产生了其他的大城市。更远处也是如此，又出现另一个。

这些大城市相互对峙着，因为对征服和霸权的着魔正是人们进化的法则。人们相互对峙、交战、发动战争。或者彼此沟通、结盟。在大城市——地球的生命细胞——中，产生了战争或和平，富饶或饥荒，荣耀，精神的胜利和壮丽。

大城市展现出人类之力量；蕴藏此活跃热情之建筑，应当遵循完美之布局。至少就我个人的看法而言，此乃一最简单之逻辑推论。

古代文明留给我们各式遗存，此即对上述议题之证明。那都是在某股思想力量支配着社会大众的黄金时刻。我们已经从巴比伦和北京城中明显地看出，它们仅是众多案例中的其中几个：那些在某一鼎盛时期被天才、科学与经验所启迪的大城市与较小的、甚至是非常小的城市。各地仍留存着人们所创造的遗迹或尚未受损的单元，向我们昭示他们的规则：埃及神庙、北非直线形城市（凯鲁万）、印度神圣之城、古罗马帝国城堡，或是根据一贯传统所建造的城市：庞培城或是艾格莫尔特（Aigues-Mortes）、蒙巴奇耶（Monpazier）。

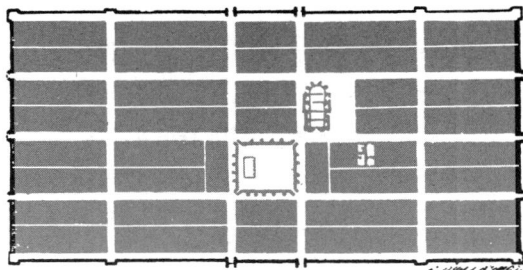

12 世纪时位于佩里戈尔（Périgord）的蒙巴奇耶

* *
*

城市的结构为我们揭示出两种可能性：逐步的、冒险性的汇集，缓慢地积累，渐进式的发展；然后是它不断增强的吸引力、离心力，以及激烈冲动且混乱的诱惑力。例如古罗马，以及今日之巴黎、伦敦或柏林。

或者是：经过规划并体现出当时之科学知识而建造的城市；例如北京，或是文艺复兴时期的强盛城市（帕尔马诺瓦），或是古罗马时期在蛮野民族中所建立的殖民城市。

而我们西方，由于过度的扩张，仅具有最原始的工具技术，击垮了日益贫穷的古老帝国；过去的数百年间，在已确立的阵营（可以回想原始人围绕其马车周围扎营）之外，正逐渐地开始出现一个目标，表达出一个明确的观念，提出足够的技术方法，并给予必要的财政资源供应。

智者在君主面前开始构思，并努力促使其得以实现；开始宏伟的尝试，野蛮之中闪耀着光辉：路易十三时期的孚日广场；路易十四时期的凡尔赛、圣路易岛；路易十五时期的战神校场；拿破仑时期的星辰广场与巴黎入城大道。最后，帝王将宏伟的遗产留给了人民：拿破仑三世时期的奥斯曼工程。

我们与偶然性对抗、与混乱对抗、与放任不顾对抗、与招致死亡的懒惰对抗；我们渴望秩序，而要达成这些目的，只需要那些能够唤起我们精神的基本原则：几何学。在整体的混乱之中，出现了完美形态的结晶，它鼓舞人心，让人安心，并给以美感那些必要的物质支持。此刻，人们开始思索，以人类的方式，完成人类之作品。我们对此成就十分自豪，它们构成了我们所有的谈论主题。我们以一种崇拜的心情回顾这些历史现象，因为它们深深地吸引着我们。自豪是理所应当的，然而不要忘记，迄今为止，我们仍一事无成。激励着我们进行伟大创作的生动力量，倘若我们偶然间发现今天的人们被类似的热情所激励，我们将会憎恨它们。我们的虔诚之心造成了我们对于捍卫已故灵魂与墓园的焦虑关切。我们蜷缩在过去且表现出一脸哭丧之表情。而对于新时代热烈而杰出的突飞猛进，我们却是一幅像在巴黎图书馆的图片资料室看旧图片的老先生的模样，脸上好似写着："走开！我非常非常忙！"

因而可以讲，混乱源自我们的现代城市。沿着驴行之道而设立[1]，它们幼稚的初始结构在现今的大城市中持续不变，错综地交织，形成紊乱的交通网络。此种不幸，在 10 世纪至 19 世纪之间变得更加严重：驴行之道变成了习惯，变成了城市中的主要交通干道。在过去，死亡还是

---

1. 参见第 1 章。

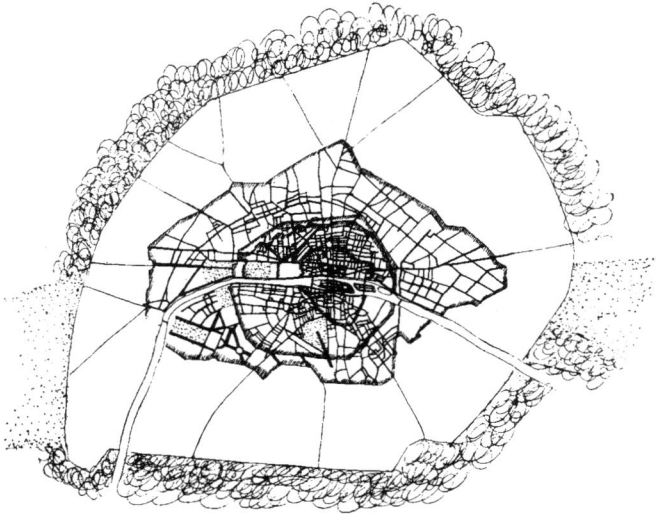

巴黎的 6 个连续扩展范围，由"驴行之道"所决定。除了左右两边的万塞讷（Vin-cennes）森林和布洛涅（Boulogne）森林之外，其外围均受近郊区之束缚

遥远之事。但机械化的出现，已使死亡近在咫尺。

百余年来，大城市中的人口出现了急剧的增长。

	1800 年	1880 年	1910 年
巴黎..........	647000 人	2200000 人	3000000 人
伦敦..........	800000 人	3800000 人	7200000 人
柏林..........	182000 人	1840000 人	3400000 人
纽约..........	60000 人	2800000 人	4500000 人

第一次世界大战结束后，现代化的工具受到认可并得到全面发展，我们开始觉得喘不过气来。窒息的感觉是真实存在的，我们已经有了预兆。

在每个国家，大城市的问题都是悲剧性地存在着。商人最终确认了他们的活动范围：商业终究会聚集在城市中心。商业活动的节奏十分明确：速度，为速度而奋斗。必须相互接触，相互碰撞，但也要迅速地行动。唉，我们变成了旧汽车里完全生锈的引擎了：底盘、车身、座椅（市郊），所有这些都还能运作；但是引擎（市中心）已经卡住了。已经停止转动了。市中心是卡住了的引擎。这就是城市规划的首要问题。

　　一旦城市发展陷入停顿，即等于国家发展陷入停顿。我们不愿承认事实；没有勇气对症结作出诊断，没有勇气采取必要而大胆的措施加以应对。可是，必须得找出一些有说服力的解决办法啊。

　　摆在我们面前的还有如下障碍：

　　阻力最小之法则。

　　责任感之缺乏。

　　对历史之过分迁就。

　　前进的曲线清楚地表明：此乃因果关系之问题，连贯而准确之简单推论。但是，阴暗而沉重的狭隘私利、既成事实、苟于懒惰、病态的着魔、罪恶的多愁善感，形成了巨大的障碍。此种精神状态与现实社会状况的显著对峙，正是一切城市规划问题的根源；当前社会现象中难以抗拒的复杂性形成一股共同的激情，推动着瘫痪的区域逐步开展起革新运动。

＊
＊　＊

　　直到 20 世纪，城市仍主要是一种军事防御目的的规划布局。城市的边缘非常明确，城墙的组织结构、城门、通向城门和城市中心的道路等，也都是非常清楚的。

　　不仅如此，直到 19 世纪，我们仍旧从四周进入城市。然而到今天，城门则位于城市的中央。真正的城门实际上是火车站。

　　现代城市不再是以军事防御的目的而兴建；城市的边缘变成了一种纷乱而沉闷的地带，就像流浪的吉普赛人的露营地，他们将拥挤的大篷车四处扎营。结果造成城市的发展不得不去跨越这些巨大的障碍物。

　　郊区与城市直接相连的这种新情况，在防御型城市那种通过明确的边界来确定严密的城市内部秩序的时代不曾存在。

　　城市中心处于一种极度的病态情形，其四周犹如被寄生虫盘踞着一般。

　　如何创造出一个能自由扩张的空间，这是城市规划的第二个问题。

　　正因如此，我非常理性地认为，必须要考虑将大城市的中心拆毁，而后重建，且应当消除那些贫穷肮脏的郊区，将其迁至远处，在它们留下的空地上，我们应当逐步地建立一些受保护的开敞空间，在未来的某一天，它能为我们提供绝对的发展自由，同时给我们提供廉价的投资条件，其价值将获得数十倍甚至数百倍的增加。如果说市中心是一种供私人企业疯狂投资交易的资本异常活跃地区（纽约即为一典型实例），那么实施保护的地区则是市政当局所掌握的一个强大的财政储备库。

在很多国家中，市政当局常常通过区域征收的方式重新收回郊区。这实际上只不过是为了确保城市呼吸所需的肺脏罢了。

*
* *

我不可能三言两语就把每件事情都说清楚。这一主题是如此新颖且至关重要，很多问题存在着反复循环的可能性，或许从其他一些方面加以探讨是非常有益的。下面是一份关于 1923 年斯特拉斯堡城市规划大会（Congrès de l'Urbanisme de Strasbourg）报告的摘要：

大城市的市政当局及其官员们正致力于探讨大郊区的问题，研究应怎样引导那些大量涌入城市并造成城市人口急剧膨胀的人口实现合理迁出；这些努力是值得赞扬的，但它们尚不全面；它们忽视了大城市中心这个基本的问题。这就如同我们细心照料运动员的肌肉，但却不能察觉到他的心脏有问题且已危及生命。倘若真能引导过分拥挤的居民移往市郊，必须要记得在每天的同一时间内，会有大批居住在舒适的田园城市的人群必须往返于市中心。通过建设田园城市以改善居住状况的做法完全地忽视了与市中心的联系问题。

认真地回顾大城市的现象是非常有益的。大城市不只是四五百万人偶然聚集在一起的某一个特定地区；大城市有其存在的理由。在国家的生物学中，它是最主要的器官；国家机制取决于它，而国家机制则进一步构成了国际机制。大城市，是血液循环系统的动力中心——心脏；是神经系统的指挥中心——大脑，而国家的活动与国际的事件皆源自于大城市。经济、社会、政治活动在大城市中都有其中心，而所有这些中心反过来影响着边远地区的各个角落。大城市是世界活动元素相互接触的场所。这种接触必须是迅即而直接的；在这里作出的决定是迅速讨论之结果，将引发国家内部及国家之间的重大活动。不到 50 年的时间，电信设施、铁路与飞机等竟然使得国际间的联系加速到如此之程度，一切活动都产生了革命性的变化。很多计划的制订都是在大城市中心的小圈子里进行的；严格说来，这些中心即是全世界最重要的基本单元。

然而，现实中的大城市中心，只是毫无效率的组织机构活动的工具；必要的接触只能通过拥堵的道路网艰难地进行。除此之外，拥堵所引起的疲惫与棘手的不利条件使得商业大楼只得求助于令人窒息的走廊与晦暗的隔间。

我们可以首先作出的结论是，有害的耗损急速地影响着那些理应保有灵活头脑与清晰思辨的人，甚至影响了他们工作环境以外的部分；而且，组织合理的市中心将使一个国家掌握那些优于他国的一切，现代工业的厂商也将获得绝佳的生产条件。结果的好与坏，可以通过国家的经济状况作出正确的评价。

因此，必须对当前大城市的恶劣状况进行详细的调查研究；这是最迫切需要的。今日大城市之平面格局，由于其局促的起源（古老的小镇）及近百年来的飞速发展，市中心仍旧是羊肠小径的情形；只有郊区有一些较为宽广的交通干道。然而市中心才是大量交通急速发展之处；郊区则相对空旷，只需满足一般家庭生活的需要即可。

如果在大城市的道路图上叠加一份交通运输状况图，我们就会认识到二者的冲突性。道路图：持续的旧状况；交通运输状况图：事物的现实状态。危机的确存在（我们一直忍受着大城市中一味的坚持所带来的悲惨后果）。必须考虑到危机的发展曲线，并假想它会攀升得非常高；我们陷入死胡同了。

数据表明大城市是刚刚出现的新事物，追溯起来不过50年的时间，人口的增长完全超出了原有的预期。自1800年至1900年的100年之间，巴黎的人口从60万增长到300万；伦敦由80万增至700万；柏林由18万增至350万；纽约由6万增至450万。然而，早在人口变化曲线与交通运输发展曲线出现陡然的攀升之前（见下图表，1885年至1905年间的交通运输发展曲线，旅客运输量及货物运输量），这些城市一直依赖于它们古老的建筑物及规划布局。如此这般混乱，焦虑感的日益增长是显然的。城市规划是最近几年才出现的字眼，可视为思想之萌芽。自然而然地，第一步的努力往往是把精力放在不很艰难的问题上；于是人们开始努力建设郊区。更重要的一个因素开始出现；当务之急是重新调查

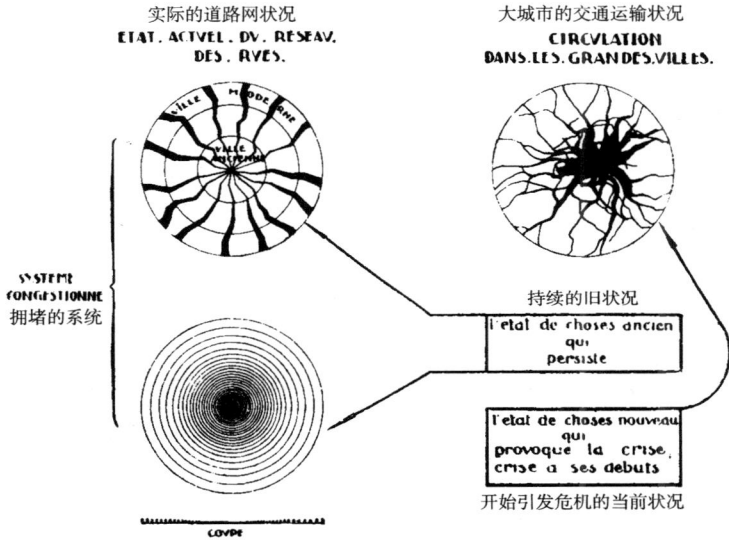

实际的道路网状况
ETAT. ACTVEL. DV. RESEAV.
DES. RVES.

大城市的交通运输状况
CIRCVLATION
DANS.LES.GRANDES.VILLES.

SYSTEME
CONGESTIONNE
拥堵的系统

持续的旧状况
l'etat de choses ancien
qui
persiste

l'etat de choses nouveau
qui
provoque la crise,
crise a ses debuts
开始引发危机的当前状况

COVPE

研究住房的基本问题，它必须能够满足已被机械化彻底改变了的家庭生活的需要；田园城市式住房能有效将这一问题隔离并逐步开始试点。其次，阻力最小法则，以及唯一可能的补救措施所必需蒙受之困苦，使得我们干脆无视市中心的可怕前景及运转之艰难，有主见的人们大声疾呼："必须将市中心移往他处，必须兴建一座新的城市，一个新的市中心，远远地，在郊区之外；在那里我们将能够舒适地生活，毫无制约，毫无任何既有状况。"纯粹是谬论。市中心是被决定的事物，它的存在仅仅由于周围的聚集，它的位置是由无数的、各种各样的汇集所决定的，无法任由我们改变；移动一个轮轴，就得移动整个齿轮。对大城市而言，那将意味着把所有 20、30 公里幅度内东西都移动，确实是不可能的事情。轮轴必须保持固定。在巴黎，数千年以来，轴心由左至右、由右自左地摇摆于圣母院与孚日广场、孚日广场与荣军院、荣军院与东站、东站与圣奥古斯丁之间。相对轮子（铁路、近郊、大郊区、国道、地铁、电车、行政与商业中心、工业区与居住区）而言，市中心是不动的。它一直延续了下来。它还必须延续下去。尽管如此，它是一大笔财富，试图移动的正是国家财富的重要部分，我们违抗了旨意。"很简单，就在圣日耳曼昂莱（Saint-Germain-en-Laye）新建一个新的巴黎市中心。"这简直是胡说八道，或者说是空想。这就像"秋千"（balançoire），荡来荡去总要回归特定的位置。市中心必须能够自我修复。数世纪以来它风化又重建，这就像人类每七年更换一次新皮肤，树木每一年都要更换一次新叶。必须专注于市中心，并加以改变，这是最容易的解决办法，更简单地说，这是唯一的解决方法。

ACCROISSEMENT DV TRAFIC
交通的增长

PERSONNES
旅客运输量

MARCHANDISES
货物运输量

par eau.

par fer.

1883　　　　　1908

1893　　　1909

* *

在此，我们通过四个直接而简要的假设形成现代城市规划学的基础，以有效地应对我们正在遭受的威胁：

1. 疏通市中心的拥堵情况，以适应交通运输之需要。

2. 增加市中心的密度，以满足商业活动接触之需要。

3. 增加交通运输的方式，即要彻底改变现今之城市道路观念，与现代化交通运输方式如地铁或汽车、电车、飞机等新事物相比较，现今的道路是毫无效率的。

4. 增加绿化和开敞空间的面积，这是为了确保人们在面对新的商业活动节奏时，能够有效应对可能出现的工作焦虑情况而必需的健康和安逸的唯一办法。

上述四点似乎是无法相容的。必须认识到其重要性、权衡其迫切性。然后，一旦提出问题，城市规划将予以解决。而上述四点，从表面上看似乎矛盾，但实际上是可以解决的。当代的技术设备与组织方式能够提供出满意的解决办法，此刻，整个问题变得让人亢奋起来，可以想像，一个庄严而伟大的新时代即将来临。在任何发展过程中，建筑学标志着发展的最高点；这是一整套思想体系所导致之结果。城市规划是建筑学之支柱。一个新的建筑学，能够完美地表现自我、而不再是徒有空想，即将来临。我们期待着一个完美城市规划方案的降临。

大城市的交通运输
CIRCULATION
DANS LES GRANDES VILLES

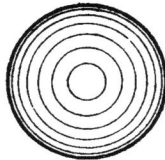

décongestionner le centre
疏通市中心的拥堵

* *
*

分析研究大城市中各种不同类别的居民，将是大有神益之事。作为权力的场所（就"权力"一词的广义而言：商业、工业、财政与政治的统帅；科学、教育与思想的巨匠；人类精神的代言人，艺术家、诗人与音乐家等，诸如此类），城市吸引各种志向，用无尚美丽之幻想装扮自我：人群纷纷涌入。伟大人物和领导者也都雄踞市中心。其各级下属人等，都必须在特定时刻赶往市中心，尽管由于命运所限，他们终究得回到自己简陋的家中。城市中的住房相当恶劣。田园城市能够更好地满足其需求。最后，工业及其工厂车间等，也因为无数的理由而围绕一些中心大量地聚集；因为工厂的缘故，许多工人在田园城市中能够轻易地实现工作地与居住地之间的社会平衡。

　　让我们对此进行分类。主要有三种人口：居住在市区的市民；穿梭于市中心和田园城市之间的上班族；工作于郊区工厂而生活于田园城市的工人阶层。

　　此种分类，老实说，是一种城市规划的程序。为了付诸实践，必须对大城市进行简化分析。因为它目前还处于剧烈的增长中，处于极端的混乱中：所有的一切都搅在一起。因此，城市规划的程序可以如此进行，譬如说，使一个拥有300万居民的城市更为明朗化：市中心在白天工作时只有大约50万～80万人；晚上的市中心则空无一人。城市住区吸收了一部分的人，而田园城市则吸收了其他部分。亦即中心地区容纳50万居民而花园新城容纳250万居民。

　　上述推论逻辑是清楚的，尽管具体的数据并不确定，但它提供了一个有秩序的解决方案，确立了现代城市规划之基本原则，决定了市中心与居住区的规模，提出了通信与交通的问题，奠定了城市环境卫生的基础，决定了居住社区的模式、道路的区划与轮廓，确定了市区、居住区与田园城市的密度以及建设体系的模式。

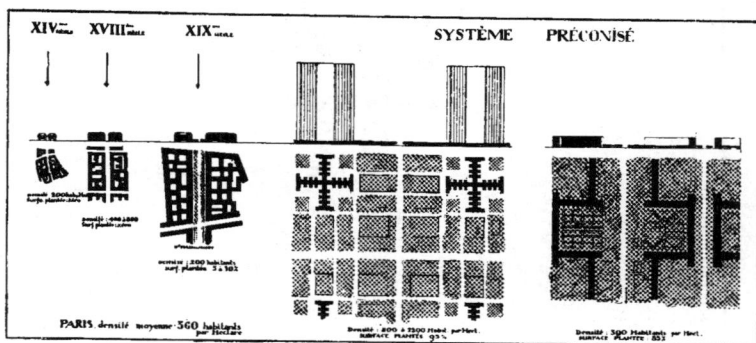

　　等比例的图纸。左图：14、18、19世纪时兴建的街区大小（哥特式、路易十五、拿破仑三世）；中图：现代的居住社区主张，高密度，60层楼高的摩天大楼（5%的建筑面积与95%的绿化面积）；右图：12层楼的锯齿形住宅社区（15%的建筑面积，85%的绿化面积；没有中庭、大公园）

*
* *

　　摩天大楼的问题令欧洲忧虑不已。在荷兰、英国、德国、法国及意大利，已经作出理论性的第一步尝试。但我们不能将摩天大楼隔离于垂直和水平的道路与交通运输的研究之外。

因此，干脆将家庭生活从市中心排除掉。在目前的情况下，摩天大楼似乎不能够提供一般的家庭生活；它们的内部组织结构系统如此精密，以至于其运营成本只有商业活动才能支付得起；实际上，垂直车站式的开发建设不适合于一般的家庭生活。

城市住区可以进行同样的理性转变。主干道的间距设置在 400 米。与传统的习惯不同，建筑物不再成群地突出悬挑于街道上空以及内部再细分成无数的院子。

主要道路间距为 400 米。不同于古老的习惯，建筑物不突出街道聚集成矩形体量，内部再细分成无数的中庭。完全取消中庭的锯齿形居住社区系统（发表于 1921 年第 4 期《新精神》），在比杜勒丽花园还大的公园上留出 200 米、400 米或 600 米的间距。此时城市将变成巨大的公园：15% 的建筑面积，85% 的绿化面积，人口密度与今日拥堵之巴黎相当，50 米宽的主干道相距 400 米（根据汽车交通的需要取消掉三分之二的现状道路）；运动与娱乐公园毗邻住宅区，取消中庭，城市的面貌将实现根本性的转变，建筑上作出了最重大的贡献。诸如此类。

理性地研究上述问题，油然而生一种诗意的感动，大城市之城市规划提供出了既实际而又高度建筑化的解决方案。此种解决方案源自于对问题的纯理性分析；它们当然会扰乱我们的习惯。但是，难道近几年来我们的生活完全没有被扰乱吗？通过理性的思考，人们将得到理性的自信。根据理性，他全心地投入一个基本的原理；以此基本原理为基础，他预想到了现实生活中的一些特殊情况。

*
*　*

通过城市规划提出来这么多的问题，有关利益的问题，技术的问题和情感的问题，似乎是时候来说明这个研究计划了。

从"驴行之道和人行之道"开始，提出了一个最紧迫的实际问题。但是，为了避免陷入某种不幸的境地，我们立即努力去遵循一种理智的法则，我们的内心开始认真思量。为了使我们能够对抗所有的风险，需要一个最原始的人性基础："秩序"。之后，为了使我们的情感和内心得到舒缓："激情洋溢"和"永恒"。而美学家会有所担心，因为它经常只是草稿而已；为了其奠定在可靠、人性且适当的基础上："分类与选择（检验）"及"分类与选择（适当的决定）"。目前是："大城市"。而后的事情是："统计学"，预测："剪报"。随后的事情："我们的工具"。再后面是对现代城市规划的一项明确而具体的实际建议："现代城市"，以及令人感慨的实例："巴黎，市中心"。为了介绍这个令人感慨的案例，将进行历史的调查："内科学和外科学"。为了支撑我提出的所有观点，并且激发推动下一个世纪性城市规划方案实现的热情："财政"。最后，针对现实的情形，为了与冷漠、恐惧、混乱作斗争而必需的进取心、勇气、远见卓识："非和谐的噪声"。[1]

　　如此一来，我的一些富有冷酷理智和热烈情感的读者，将会在这里找到那些能够激发他们丰富想像力的内容。

---

1. 我最终放弃了太过辛辣的这一章。没有余地来完成这一章了。这有点儿让人气馁。卷宗交由那些幽默人士全权处理了……唉！

统计学展示历史并预示未来；它为我们提供必要之数据并使图表和曲线富有意义。

统计学有助于阐明问题。

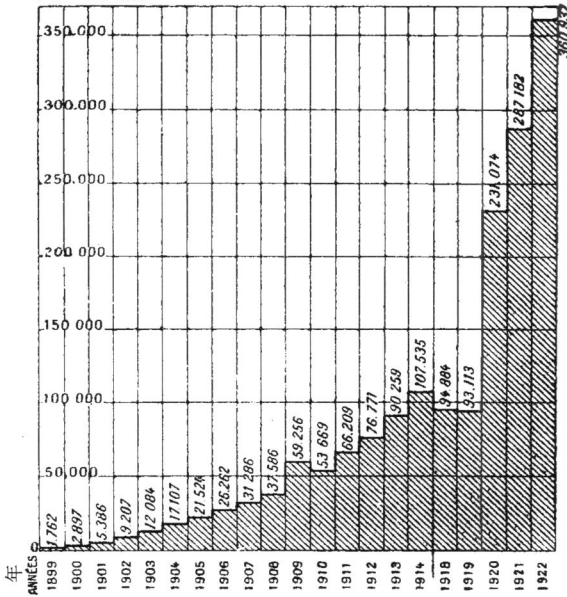

近23年来法国汽车运输量的增长图
汽车运输量在经历战争期间的小幅衰退后，1920、1921及1922年间获得飞速增加

图1　马萨尔（Massart）报告

第 8 章　　统计学

$A : B = A_1 : B_1$

统计学是城市规划师的灵感源泉。它是一项单调乏味、谨小慎微、缺乏激情的工作，但却也是抒情的跳板，是诗人奔向未来及未知的基石，它的基础牢固地建立在数据、图表及不朽的事实之上；实际上，这种抒情方式与我们息息相关，因为它讲述我们的语言，关心我们的利益，加快我们行动的步伐，并为我们提供最能满足需要的解决方案。

统计学不仅仅为我们提供当前的确切情况，也为我们提供过去的状况；它通过一条生动的线条连接了彼此，追溯过去，我们能获得明确的认识，而沿着曲线的发展趋势，则可以深入未来，获得预知的事实。正是这样，诗人通过许多必不可少的重要事实，引导我们去争取那些安全可靠的工作成就。

借助于统计学，我们能够在较短时间内对那些完全未知的复杂性问题进行了解，进而通过创造性的思维，辨识出明确的方向。在复杂性面前，个人往往是迷茫的；人们是处于迷茫状态的个体，当然也有其他一些少数人则往往远离着危险。城市规划实在是一片浩瀚大海，令人迷失其中。人们的第一次划水和第一次跳水会让人感受到溺水的危险，汹涌之波涛和震耳之嘈杂强烈地袭击着我们；我们顶多是幸运地抓住平日工作时的那种良知和细心这一安全带，就像马车上被套上双架和戴上眼罩的马匹所能具有的那种良知和细心。

就是在关于未来的这种棘手的状况下，慢慢地开展起一项持久性的工作，目的在于整顿、治理、惩戒我们的城市，使其保持高效的运行能力，摆脱那些令人窒息的混乱。有关当局已经为此付出了巨大努力，但对于这些部门，人们总是加以指责而非赞许，因为他们就像警察一样，在庆典时刻，一直都在努力地遏制我们的暴动和疏导人群，这是一种永无休止且令人恼火的警察姿态。具有良知与细心的统计学家一直从事那些小心翼翼的苦差事；他们的精神如同那些从事镶嵌艺术的工匠般，在无数的小石头堆中埋头工作，始终是一成不变的模式，一种分析式而非创造式的精神，一种在特别的繁琐小事中耗尽精力的精神，以至于不能开展那些清晰而坦率、大胆且富于灵感的计划的构想。

我们应该给予这些具有坚强意志与正直良心的人们以公正的评价。他们的毅力十分坚强，他们默默地努力坚持且成就非凡。他们就像战役中的士兵，虽然个人仅有一份微薄的力量，然而聚集起来就成为一支伟大的军队；他们的价值在繁琐而破碎的工作中体现；他们具有卓越的分析天赋，他们的不幸在于：我们却要求他们去创作。他们整日埋头于错综复杂的城市现象，却不是那种我们要求其引导世事之巨大突破的对象。他们只是统计学家。统计学是原始素材。我们不会要求原始素材自我加工。我们需要能干的工匠来加工这些原始素材。

公众很少注意到大城市的管理事务：提供土地测定估价、发展机构、交通警察、社会交通运输指挥；人们不会注意到大城市的庞大机制，它使 400 万个具有个别自由意识支配的个人处于一种有序的状态——400 万个个人依据自我意愿而生活，每人都主张过自己的日子，而这种主张造成了一种富有戏剧性且激烈的紧张局势。

不过，这种紧张局势受到一种内在趋势的驱使，缓慢地引导着群众；缓慢但时而矛盾地，冒着引起暴力及失去秩序之危险。认识这种趋势的影响，评估其力量并观察其方向，这就是统计学所要做的工作。

我曾经看到过一些从事精密工作的工匠们的工作情形。开始这项调查之时，看到全部的机械构造，弄得我眼花缭乱，连锁的齿轮或增或减，以使其更紧密而巧妙地运转。我感觉到，当一个人直接接触机械时，即使只是细微的变化，都会令我们感到害怕：我们听见它咯吱作响，从而预料到它出现了故障。我们怀着敬畏的心情。我们抑制住个人的想法。不应该过于靠近机器而去冒任何风险。我理解那些藐视精细事实的人们，也知道对城市系统提出的修正建议是怎么回事，我思考其原因，有时公开地表达一些新的观点，我的举动激起了十足的愤怒。我下此结论：在一个精密的错综复杂系统中，注定不可能有任何有益之事物。有益之事物只可能发生在外部及我们甚至察觉不到错综复杂性之处。统计学是错综复杂性的结果之一；让我们从统计学出发，因为已经到了摧毁错综复杂系统的时候了；是该告别的时刻了。不能存有任何内疚。除此之外，必须挣脱掉那些错综复杂系统的记忆，只有这样才能够纯粹地构思并找到率真的解决方案。我对一位勇于积极挑战机械系统的人士——埃米尔·马萨尔（M. Émile Massard）先生，他也是巴黎市议会第二届委员会（行政管理、警察、消防、区域等）的主席——说："我不关心那些无数的既有事实；也不想知道那些涉及重大利益关系的惊愕内幕；我只想，依据您们的统计资料，比较超然地建立起一套健全且明确、实用且兼具美学要求的构想，提出一些纯粹性的指导原则，回归至问题本身而不考虑其他的特殊情况，进而提出现代城市规划的基本原则。一旦有了这些确定性的原则，每个人都可以去开展自己的实践，譬如巴黎。"

我刚刚看过巴黎市议会第二期委员会的报告，是由埃米尔·马萨尔先生于 1923 年主持完成的。他讨论到有关大城市的交通问题。很多地方的人们，面对日益增加的焦虑不安之威胁，一下子纷纷提出一大堆实际上将使问题更加复杂化的对策建议。这是不可能实施的，事情将完全陷入僵局。根本不是方案构想，只是抱头鼠窜罢了！

*
* *

人口的演变

　　大城市的人口从50万一直发展到400万，沿着一条越来越激烈的曲线增长。如果不是因研究需要而仅仅摘取其中一段的话，这条曲线将永远发展下去，当大城市周边地区的出生率达到极限时，这条曲线才会逐渐下降。根据前一段增长曲线所提供的加速度，大城市的人口将从100万人增加到200万、300万、400万、500万、600万、700万。实际上，对于我们而言，人口增长可视为无限发展的。

　　如果我们研究某一区域的人口增长曲线图（城市地区或郊区），我们将能认识到该曲线图的特征与大城市的并无两样：同步现象。不过这里多了一个极限点，即一个区域的容量终究将会达到受其有限面积条件的限制的时刻（而大城市的面积则是无限制的）。此时将出现人口过度饱和、超出正常容量、过度拥挤、居住危机；然后再经过震荡起伏而回到完全饱和的状态（直到有新的外力介入之前，例如建筑技术的发展会造成建造法令的修改，使得人们可以在将来决定盖20层楼，而不是现行法令所规定的六七层楼而已）（图2）。

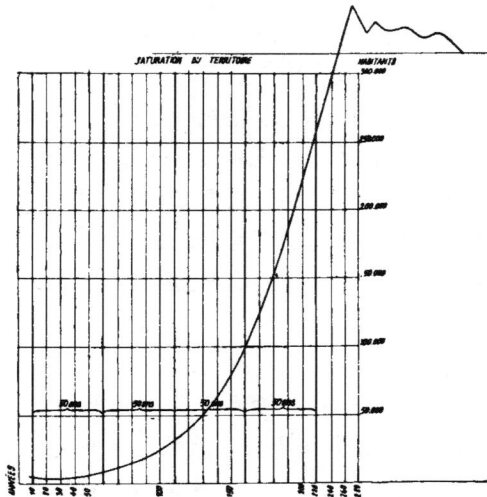

图2　人口增长总体曲线图。我们可以看到每50年时间内人口增长的陡然加速

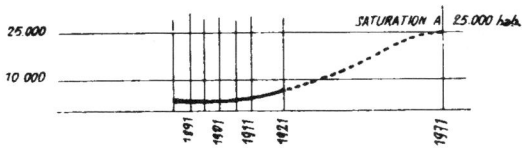

图3　布尔热（Bourget），巴黎近郊。近来的人口增长

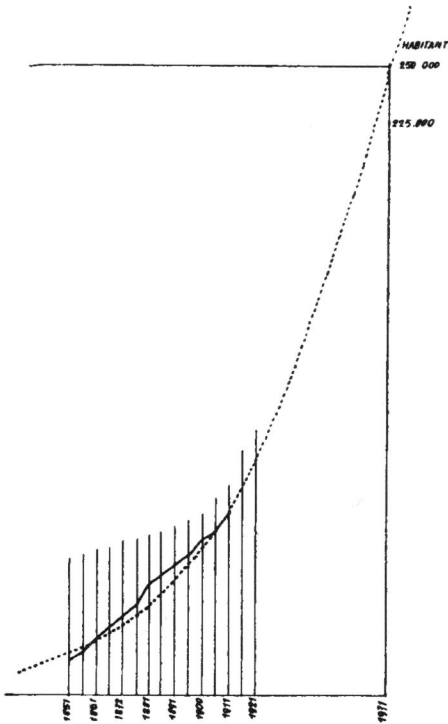

图4　圣但尼（Saint-Denis），巴黎近郊。正在发
展中的人口增长

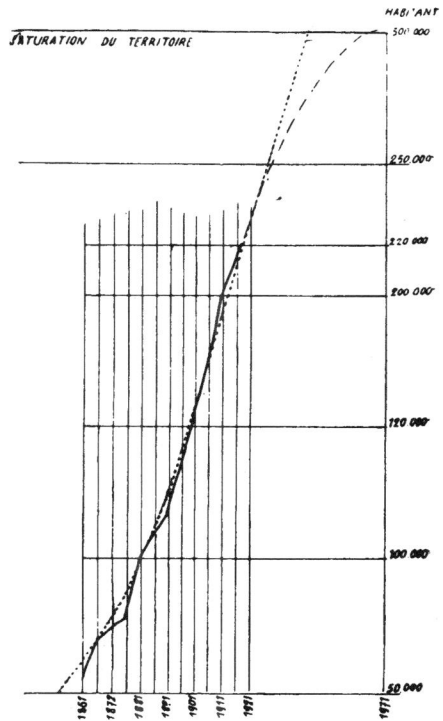

图5　巴黎第15区。接近极限的人口
增长（由现行法规对建造高度的限制
所决定）

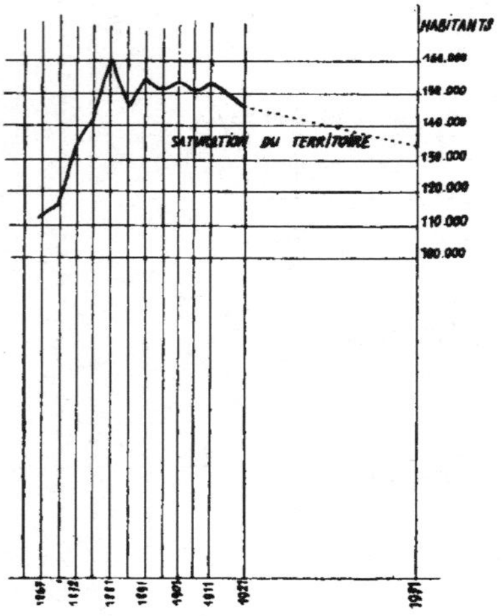

图 6　巴黎第 10 区。已超过其（现行）容量的人口发展

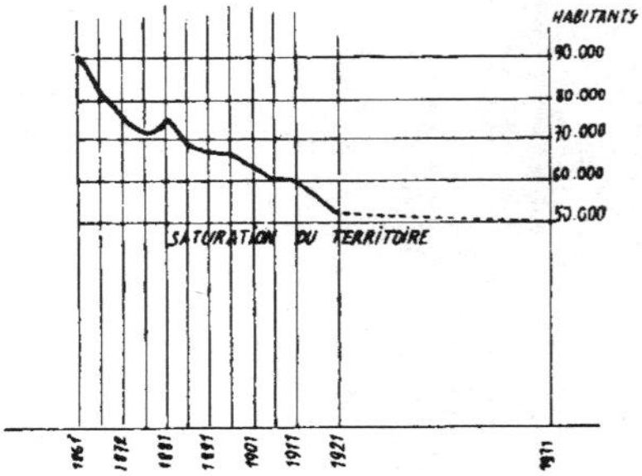

图 7　巴黎第 1 区。因居民外移而重新恢复的人口发展，处于正常的容量

（将图 3、图 4、图 5、图 6 和图 7 这 5 张图首尾相连，可以得到前两页中的图 2）

图 8　塞纳省（Seine）。大巴黎地区（1911 年和 1921 年的人口统计情况）。A 区：居住人口外移，由商业取而代之（10 年内完成新建商业中心的例子令人印象深刻！）B 区：大量人口聚集于郊区（此现象扩及所有省份）

巴黎人口发展部门[1]绘制了塞纳省各地区的人口增长曲线图。有了这些曲线图，我们从现在起就能够预知某城镇或某地区在50年后的模样，因而从今天起就能够预计道路区划与公园、墓地、公共设施等的足够面积。统计学有助于阐明问题。

大城市市中心商业活动的急剧发展

何以证明？统计学能给予回答。它甚至能够精确地表明该现象将于何处及以何种密度出现。

图表（图8）清楚地显示了统计人口，即居住人口的增长和减少情况。我们看到了第1、第2、第3、第4、第5、第6、第7、第8、第9、第10及第11区等都是空白；公寓住房都被改建成了办公用房。

巴黎人口发展部门还有反映每公顷人口密度变化情况的图表。深色斑点代表人口高度集聚的地区。统计图中这些人口高度集聚的地区布满了黑点。其中的寓意不难得知：叫拆迁队过来；我们知道该拆掉哪里了。其他的一些统计图则能够表明该如何重建。

*　*
*

今日之大城市正走向自我毁灭

大城市源自铁路的出现。过去，进入城市必须经由城门；马车与步行的民众沿着自己的路线分散地进入市中心。没有任何特殊的原因会造成市中心的交通阻塞。铁路则促使大城市在中心地区设立了车站。大城市的市中心形成了最为局促的道路网。人们一批又一批地涌入这些狭窄的道路。人们也许会说：把火车站搬到郊区去吧！统计学家回答道：不行，商业活动需要在早上9点钟的时候让成千上万的乘客在瞬间内在城市的商业中心下车。统计学研究表明商业活动是在市中心生存。这就要求人们在市中心兴建非常宽广的道路。因此，必须拆毁今日之市中心。为了自我挽救，大城市必须彻底改变其市中心。

---

1. 博纳丰（M. Bonnefond）先生所负责的部门。

商业活动需要最为快捷的交通运输

汽车成就了商业活动，而商业活动则促进了汽车的发展，迄今为止此种发展尚无任何限制。在马萨尔先生的报告中不时地提到：速度？它是现代社会进步的精髓！而这一看法支配着1923年在塞维利亚举行的国际会议中关于道路问题的所有辩论。

在巴黎，（汽车）通行面积远大于（马路）可通行面积（马萨尔）。图表中（图10）显示了道路面积的实际状况以及（汽车）通行面积的实际状况。汽车都开到哪里去了？当然是市中心。可是市中心却没有足够的可通行面积。

必须要新建市中心。必须要拆毁今日之市中心。

本章开始时（图1）有一张描述近23年来汽车运输量增长情况的图表。图中缺少比1921年和1922年的增长情况更为猛烈的1923年和1924年的数据。汽车交通的发展无疑将会对大城市的发展产生极为深远的影响。我们的城市尚未对此作好准备，交通的拥堵情况是如此的严重，在纽约，商人们不得不将汽车停在城市郊外而后搭地铁去办公室。这真是令人吃惊而极为荒谬之事！

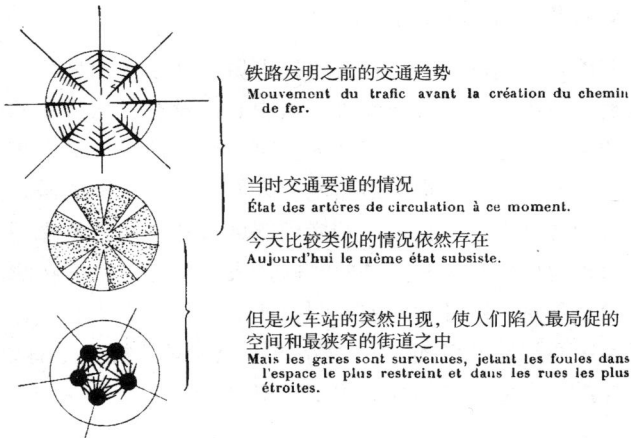

铁路发明之前的交通趋势
Mouvement du trafic avant la création du chemin de fer.

当时交通要道的情况
État des artères de circulation à ce moment.

今天比较类似的情况依然存在
Aujourd'hui le même état subsiste.

但是火车站的突然出现，使人们陷入最局促的空间和最狭窄的街道之中
Mais les gares sont survenues, jetant les foules dans l'espace le plus restreint et dans les rues les plus étroites.

图9

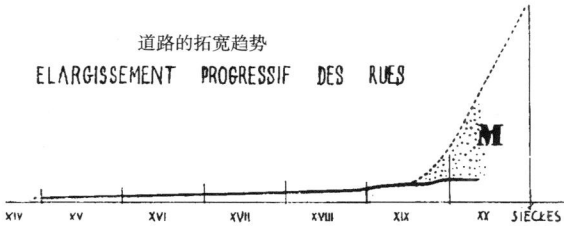

道路的拓宽趋势

ELARGISSEMENT PROGRESSIF DES RUES

XIV　XV　XVI　XVII　XVIII　XIX　XX SIÈCLES

图 10　黑点所示的 M 区域指出了所需发展的道路系统。不幸地我们还相差甚远。危机随之产生

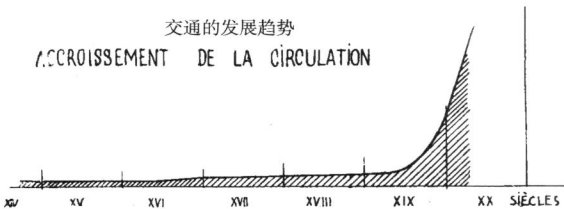

交通的发展趋势

ACCROISSEMENT DE LA CIRCULATION

XIV　XV　XVI　XVII　XVIII　XIX　XX SIÈCLES

图 11　20 世纪的发展标志着同一个长期稳定状态的彻底决裂，而曲线的发展趋势则导向一个完全无法预料之状态

　以下是 1912 ~ 1921 年间（图 12）美国汽车生产增长情况的曲线图。倾斜发展的对角线变得愈来愈陡峭。

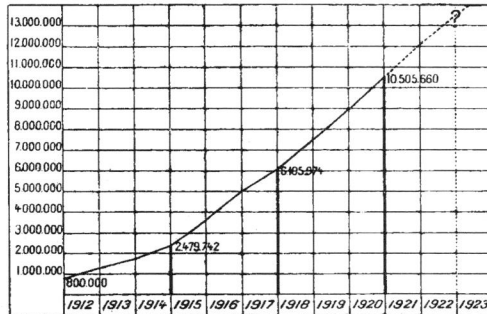

——历年来汽车产量增长情况，1922年2月出版的统计数字
——1923年数据为预测值。

图表显示了美国自1912~1921年间的汽车登记数目。
未获得1912年之前的统计数据

图 12　（马萨尔报告）

除此之外，以下是说明交通增长趋势的数据（经济复苏的 1923 年和 1924 年的数据暂缺）（图 13）。

	里沃利·塞巴斯托伯勒十字路口	德鲁奥十字路口	香榭丽舍·铜马十字路口	王家大道·圣奥诺雷十字路口	总计
	(Carrefour Rivoli-Sébastopol)	(Carrefour Drouot)	(Champs-Elysées-Ch.deMarly)	(Carrefour Royale-St-Honoré)	(TOTAUX)
1908年 2月3~9日	33.993	57.409	45.710	69.228	206.340
1910年 4月18~24日	37.528	60.711	71.237	73.178	242.654
1912年 5月13~19日	42.681	51.289	81.437	85.557	260.964
1914年 4月27日~5月3日	62.703	56.174	88.707	83.410	290.102
1919年 2月19~25日 5月26日~6月4日	34.436 40.355	44.772 54.764	66.440 114.368	65.081 84.408	210.729 293.895
1920年 11月3~4日	48.805	60.978	90.143	82.944	282.870
1921年 5月30日~6月5日	50.702	65.970	100.656	81.174	298.302
1922年 3月15~21日	48.641	65.107	104.862	88.351	306.961

图 13　巴黎警察局交通管理部门的统计数据。各个主要十字路口的通行车辆数据

　　大城市的市中心就像是个漏斗，所有的道路交通均深陷于此。巴黎的公共交通地图显示了市中心稠密而复杂的电车与公车路线（图 14）。同样这些区域的黑点则代表了普通的汽车交通情况。这些区域的下方，在地下层里，地铁每天要运载上百万的旅客。

　　所有的汽车都是为了速度而被建造。然而，根据一份公布的图表，在道路的实际运行状况下，现代城市中汽车能够行使的时速是 16 公里/

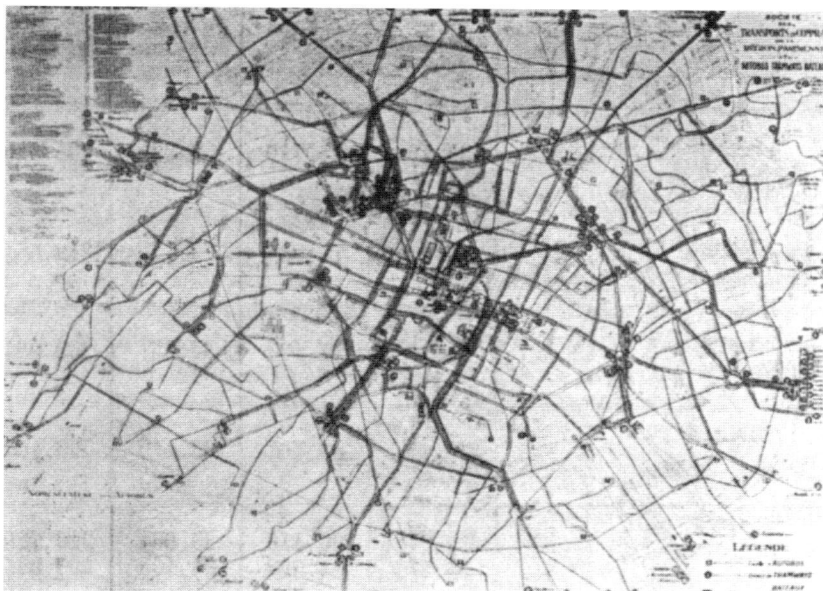

图 14　巴黎：公共交通地图。公共汽车和有轨电车

小时!!!汽车厂（国营工业）费尽心机地设法将汽车的设计时速从 100公里/小时提高到 200 公里/小时；而城市的实际情况却命令式地斥责道："16 公里/小时，先生!"（图 15）。

因为道路的形态不能适应新的要求。我们的道路可远溯自 16 或 17世纪，当时的巴黎只行驶着两辆车：女王和迪亚娜（Diane）公主的四轮马车。19 ~ 20 世纪时的道路仅仅是适合马车交通的道路。

举目四望，我们能看到的尽是拥堵、窒息。

现代城市中数千辆的汽车停在了哪里？都停在了人行道上，阻碍着交通呢；交通扼杀了交通；纽约的商人将他们的汽车停在郊外!!必须兴建庞大的、足够容量的公共停车场以供上班时间停放车辆。现今的路边停车是让人无法接受的。有上千个理由能说明甬道式道路将无法继续存在。必须兴建其他类型的道路。

决定修建何种新道路呢？如果我们能够建立关于高承载（大卡车运输）往来地区的统计资料，便能认识这些成群而缓慢的车流。

PARIS. — La Place du Palais-Royal.

PARIS. — La Place de la Concorde.

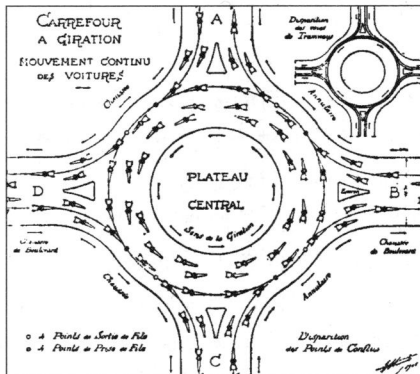

CARREFOUR
A GIRATION
MOUVEMENT CONTINU
DES VOITURES

PLATEAU
CENTRAL

这是埃纳尔（Hénard）在 1906 年制订的环形交叉路口规划建议。他的设计图只考虑
到了马车；一辆汽车也没有！上方的两张明信片则说明在 1909 年时，几乎没有任何汽
车。这真是快速演变之惊人前兆

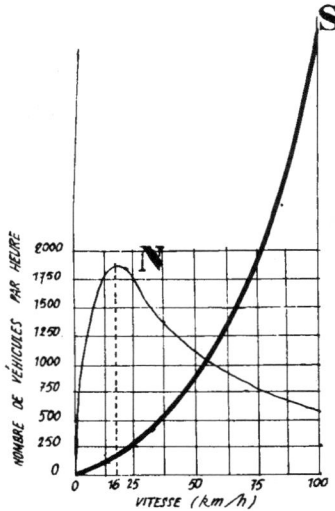

图 15　曲线 N 表示行驶速度和交通通行量的最高点（1755 辆汽车 16 公里/小时）。若汽车以 100 公里/小时的速度行驶，那么道路则只能维持 500 辆/小时的汽车通行量。这条曲线是基于每辆汽车必须随时都有足够的紧急煞车安全距离这样一个原则。而如果我们在城市的主要道路之上兴建一些较少交叉的汽车快速道路，那么曲线 N 将被曲线 S 所取代，也就是说，交通通行量将更大而速度亦更快

　　顺便建立关于兴建沟渠、下水道系统、燃气、电力、电话、压缩空气设备、气压传信系统等开支的统计资料。即统计城市中最脆弱部分的零件的每年维修开销！

　　最后，在这些地区兴建房屋的挖掘和清理费用，不管是过去、现在或未来，都是必须加以统计的。

　　说到这里，让我们暂时停下来好好想想并弄清楚，在巴黎的巨大面积上，已经挖掘了 4 米的深度，为了在潮湿而不卫生的地下建造地基；消耗了庞大的费用，埋入一个几乎无法利用的巨大立方形构造物？可以肯定地讲，今天在房屋底下挖掘寻找可以保障基础坚固的水泥柱是全然无益的。事实是，道路不再是一种畜牲的轨迹，而是一部运输的机器、一套通行的设备、一个全新的器官、一种极为重要的实质性建设、一个绵延伸展的车间；它需要 1 或 2 层，而人们只要有点儿常识，就可以开

始研究城市－架空柱的简单的解决办法，只要我们愿意就可以去做。[1]统
计学将一遍又一遍地回答道，是啊！

这只是个例子而已。

* *
*

最后，其他的一些统计也是需要的（也许已经有了），它们将为我
们发动世界性的行动提供法定的依据：

"飞马顿了顿蹄，从赫利孔山一跃而出，引起希波克瑞涅水池的泉
流不断流出，人们说，那儿就是诗人获取灵感之处。"

为了获得一个真实的现代道路的概念，必须提出下述问题：

1. 在拥堵时段内从每个车站流出的郊区旅客人数有多少？

2. 置身于满是石油气与汽油味的环境之中，以及目前紊乱的房屋
和道路的狭窄空间所形成的热辐射之中，现在街道两边的行道树将以何
种加速度枯萎凋零？

3. 近 10 年来，面对大城市现象，一个居民的神经系统的兴奋曲线
怎么样？同样地，他们的呼吸系统如何呢？

为了减少城市的拥堵，大量地增加表面积，彻底地获得一种健康的
状况，必须考虑以下问题：

通过在所有建筑物中使用不漏水且易达的屋顶花园和阳台，城市的露
台表面积能够增加多少？永远都不会消失的那些反动分子将会看到（并且
抵制）的这种方式，这只不过是遵循常理并利用先进方法罢了；此时城市
规划的工作可以扩展到城市的屋顶上，划定其中一部分的易达面积而建成
一个安静而和平的道路系统，远离噪声并置身于绿树环绕之中。

为了给未来的实施者提供必需的财源，必须考虑以下问题：

城市的土地增值情况怎么样：

a）当商业入驻资产阶级住宅区时？

b）当一片破旧房屋被拆毁后新的大马路开始挖掘时？

等等，诸如此类。

---

1. 见 1920 年第 4 期《新精神》：《城市－架空柱》与《走向新建筑》，克雷（Crès）出版，
1923 年。

$$*$$
$$* \quad *$$

统计学展示历史并预示未来；它为我们提供必要之数据并使图表和曲线富有意义。

除此之外，新情况（19 世纪的铁路、前轮驱动式汽车、电报与电话通信等）完全扰乱了事物的平静发展。

若 A = 旧道路，

若 B = 旧人口数、（人与货物）交通运输、卫生、道德心态等，

若 A_1 = 新道路，

若 B_1 = 新人口数、（人与货物）交通运输、卫生、道德心态等，

则方程式为：

$A : B = A_1 : B_1$。

A 与 B 成比例。

A_1 实际上并无改变 A，因此

$A = A_1$。

B_1 变得很庞大。

方程式变得不合逻辑：$A : B = A : B_1$。

它可以这样象征性地表示：

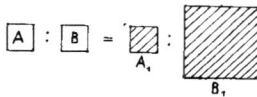

内项与外项的乘积是：

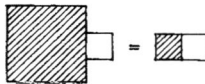

这不合乎逻辑。

现代大城市的现实状态是不合乎逻辑的。

$$* \quad *$$

总之，它将慢慢地侵蚀、耗损掉数百万的人们；它所支撑的周围国土注定也将走向衰亡。

统计学是毫不留情的。

"我29岁，真诚可靠，无交往对象。希望认识年轻女性作为结婚对象，单纯、有工作且品性良好。心地善良。来信请寄雷蒙……"

一位准备穿越东站十字路口的一家之主的令人心碎之离别《日报》（Le Journal）

［插图：卡皮（Capy）］

第 9 章　剪报

我每天只看一份报纸，说不定还不到一份呢！

报纸勾画出全世界地震仪器所记录的曲线，"社会新闻版"每天都详细地罗列出发生在我们身边的日常戏剧；科学的、历史的事件；经济的、政治的。

一年来，我们看到城市规划的问题被写入日常的新闻中。这里成了"被封存起来"的各种棘手问题的库房、寄存处和庇护所：出生率问题、社会稳定问题、工商组织、酗酒、犯罪、大城市特殊的道德观、市民精神等等。世界各地，城里城外，以下这句话（早已不新鲜了！）揭示出城市的广大影响：没有了城市就没有了一切。实际上，城市规划工作就是通过对人类各种可能的生活情况的集中展示而对社会契约进行表达的结果。

这一年[1]来我们看到城市规划愈来愈频繁地被写入报纸中密密麻麻的专栏里。

我无意中搜集了下面一些按主题排序的剪报；简洁的字句明确而生动地揭示出文章标题的含义。报纸测量出了体温。城市正在发着高烧。

* *
*

城市规划很快地将不再是"被封存起来"。城市规划将是当下最棘手的问题之一。我们很快就将无法回避那些报纸上天天提到的各种棘手的城市规划问题。

交 通

让我们来学习开车

高速行驶的汽车

城市规划

为了避免塞车

增加警力

一辆马车足以拦下千匹马力

50 年的机械化发展给我们带来了前轮驱动的汽车。速度提升了 30 倍。工厂努力卖出汽车；每个人都想拥有一辆汽车以便加快速度，因为速度必须加快。

4000 年或 400 年之前的道路依旧存在，但它们对我们而言已无太大的意义。

城市交通陷入阻塞之中了；报刊杂志记载着愈来愈多的抗议性言论——还有我们的困境。

---

1. 1923 年。

Apprenons à circuler

ON VA CREER UN CODE DE LA RUE

Le comité permanent consultatif de la circulation dans Paris s'est réuni hier, sous la présidence de M. Naudin, préfet de police. Il s'agissait d'étudier la mise en application, dans la capitale, des prescriptions générales imposées par le code de la route. Le comité a été appelé à se prononcer sur divers points :

1° *Limitation de la vitesse.* — Le code

......d'autres endroits. La commission a donc décidé, à l'unanimité, de ne pas imposer de vitesse maximum aux véhicules.

En cas d'encombrement, ne serait-il pas souhaitable d'établir un ordre de priorité pour faire avancer les voitures : d'abord les transports en commun, puis les voitures publiques, ensuite les véhicules privés, enfin les voitures à bras ? Le comité paraît adopter cette classification ; mais sera-t-elle réalisable dans la pratique ?

7° *Stationnement.* — Il est établi que dans les rues de moins de neuf mètres, deux voitures ne doivent pas stationner l'une en face de l'autre ; mais il arrive que, lorsqu'un agent veut verbaliser il ne peut jamais......

Comme conclusion, le comité a décidé de créer une sous-commission chargée d'élaborer un règlement clair et précis qui constituera le nouveau code de la rue. — L. B.

Journal 6 mars 1913

让我们来学习开车
我们将创造一套道路规则

巴黎交通常务咨询委员会昨日召开会议，由警察局长诺丹先生主持，讨论了关于首都道路交通管制的一般性规定。会议做出如下决议：

第一，速度限制。……委员会决定不再限制交通工具的最高速度。

……

如果出现塞车情况，难道大家不希望有一条优先顺序的法令以保证车辆的顺利通行：首先是公共交通、而后是公家车、然后是私家车、最后是人力车？委员会似乎采纳了这种分类方式；但实际上可行吗？

……

第七，停车。——规定在 9m 以下宽度的道路上，两辆车不得面对面停车：但当发生警察欲作笔录时，他不得……

总而言之，委员会决定组建一个小组委员会，负责制定一份明确的规章制度以创造出一套新的道路规则。

——L. B.

LE PROBLÈME DE LA CIRCULATION

Il n'g a que la multiplication des agents, aux places et carrefours encombrés, qui puisse faciliter le passage continuel des masses d'assaut faites d'autos de tous genres et de toutes forces.

(Interview de M. Guichard, de ce jour)

•••••Combien d'agents affec-tez-vous au service de la circulation? — Tous! Mais, à tour de rôle. Aujourd'hui, tous nos agents possèdent le bâton qui n'est plus blanc. Chaque jour de une heure à sept heures, nous occupons 4.000 hommes environ à faire circuler dans Paris. Et, vous le voyez, ça ne permet guère d'aller plus vite! Le poste, aux carrefours et aux croisements est très fatiguant et dangereux. Nous avons eu des agents tués et beaucoup de blessés. Eh bien, nous avons, à certains endroits très encombrés, des spécialistes qui font cinq heures de service sans relève. C'est une mission très délicate que celle-là et je crois cependant qu'il n'y a que par la multiplication des agents aux places où dans les rues encombrées que nous pourrons faciliter le passage continuel des masses profondes d'assaut, faites d'autos de tous genres et de toutes forces et aussi de civils allant dans tous les sens. — Le nombre augmente chaque jour,

n'est-ce pas, des véhicules qui viennent du dehors à Paris ou qui y circulent régulièrement? — Je pourrais vous donner des colonnes de chiffres. Mais n'en prenez qu'un. Il est explicite. Place de la Concorde, à hauteur des Chevaux de Marly, il passait, entre trois heures et sept heures du soir, au mois de mai : En 1908, 3.000 autos et 3.000 attelages divers, soit 6.500 véhicules. En 1912, il en passait 11.000, dont 8.000 automobiles. En 1922, il passe 14.000 autos, 860 autobus et 1.500 autres véhicules. Mais, notez le bien, en 1922 les camions et les voitures de livraison sont interdits aux Champs-Elysées ce ne sont donc pas compris dans le total. Les chiffres parlent-ils? — Et au carrefour de l'Opéra? — On n'a jamais pu établir un compte sérieux. Allez-y voir, un jour, vous comprendrez pourquoi. — A. DE GOBART.

交通问题

在拥堵的广场和十字路口上，惟有增加警力才能够疏导各种往来车辆的持续通行（吉夏尔先生当日采访报道）。

……在交通执勤方面您们调派多少警力？

——全部！不过需要轮流。今天，我们所有的警察所持的警棍不再是白色的。每天从1点到7点，我们大约需要4000名警力在巴黎指挥交通。然而如您所见，车行交通并没有快多少！在十字路口和交叉路口的工作岗位非常辛苦而且危险。我们曾有警察殉职而且有多人受伤。塞车时，需要专人不换班地执勤5个小时。惟有在拥堵的广场和道路上增加警力，我们才能够疏导各种来往车辆与各方向行人的持续通行。

——数目每天都在增加，不是吗？那些从外地进入巴黎或固定地往来于某一区间的。

——我可以给您看一些数据图。但您只需瞧瞧其中之一，便可全然明白。协和广场，与雪佛德马赫里的车流量差不多，五月份自下午3点至晚上7点：

1908年时，3000辆汽车和3000辆各式兽力车，共6000辆。

1912年时，超过11000辆，其中有8000辆的汽车。

1922年时，超过14000辆汽车、860辆公共汽车以及1500辆其他类型的交通工具。但要注意到，在1922年时卡车与货车是禁止在香榭丽舍大道行驶的，因此并不算在总数之内。数字会说话不是吗？

——那在歌剧院的十字路口呢？

——我们一直无法建立起一个精确的统计数据。

抽一天时间去看看，您就能了解那里的情况。

——德·戈巴尔

Pour éviter la congestion

Pour se promener à Paris, une femme a-t-elle besoin de se réserver vingt mètres carrés de la chaussée ? Faites attention à ce que vous allez répondre, car, si vous répondez bien, le problème de la circulation est résolu.

Maintenant, prenez un crayon et le plan de Paris : tracez une ligne de la Concorde au Châtelet, une autre du Châtelet à la gare de l'Est, une troisième de la gare de l'Est à Saint-Augustin, une quatrième de Saint-Augustin à la Concorde. Vous obtenez ainsi un quadrilatère où se trouve à peu près localisé tout le mal, celui même que l'Exposition des arts dits décoratifs ne l'aura pas aggravé). Eh bien ! rien ne sera fait tant qu'on n'aura pas interdit aux voitures des particuliers l'accès de ce quadrilatère. Tout le reste, sens unique, manuel de piétons, signaux électriques, agents à bicyclette, à cheval ou à chameau, tout cela n'aura guère plus d'effet sur la circulation qu'un entêlâtre sur un bâton de sergent de ville.

Ça n'empêchera pas, sans doute, de recourir à quelques mesures complémentaires, comme celle-ci, par exemple : n'admettre que le matin les camions et les voitures de livraison dans la zone congestionnée. Mais ce n'est là qu'un gros détail. L'essentiel est de ne pas souffrir qu'un particulier, quel que soit son sexe, puisse accaparer, sous un prétexte quelconque, vingt mètres carrés des « grands » boulevards ou des petites rues voisines.

Les gens de bien, que leurs affaires ou leurs plaisirs amèneraient en automobile de la périphérie au centre, descendraient gentiment de voiture à l'entrée du quadrilatère et en seraient quittes pour achever leur trajet en autobus, en métro ou de préférence à pied. En cultivant leurs muscles, ils apaiseraient leurs nerfs; et au bénéfice de la marche s'ajouterait la joie trop rare de pouvoir attendre leur but sans encombrement et sans ennui. Bien entendu, tout autour du quadrilatère, des stationnements seraient organisés de manière à leur permettre de retrouver aisément leur voiture. Et je n'ai pas encore dit tout ce que l'hygiène y gagnerait, car je n'ai parlé que des jambes. Gardons-nous d'oublier les poumons. Les Parisiens ne sont-ils pas empoisonnés par les vapeurs méphitiques des voitures à pétrole ? Regardez les arbres des Champs-Élysées : ils n'y résistent plus. Peu ou prou, comme eux, nous sommes tous gazés. Quel bénéfice pour la santé publique si dans les quartiers du centre on pouvait réduire au minimum ces exhalaisons malfaisantes !

Mais c'est trop beau, trop simple, trop hardi. Combien faudra-t-il d'années et d'accidents pour convaincre les intéressés qu'il n'y a pas d'autre solution ?

Gustave Téry

为了避免塞车

为了漫步于巴黎，能够给一位妇女保留20平方米的马路吗？小心答案，因为，如果您答得好，交通问题就迎刃而解了。

现在，请您拿起一支笔和一张巴黎地图：从协和广场向夏特莱画一条线，再从夏特莱向东站画第二条线，第三条线由东站至圣奥古斯丁，第四条线由圣奥古斯丁至协和广场。这样您就能得到一个四边形，交通最糟糕的情形几乎都在这个地区内（至少说这么多称之为装饰艺术的展示并没有令其恶化）。唉！如果无法禁止一些私家车辆进入此四边形区域的话，那就什么办法也没有了。除此之外，单行道、人行道、电子交通标示、骑自行车、马匹或骆驼的警察等，这些都比不上区域交通管制对交通的影响力。

尽管如此，毫无疑问还是可以另寻其他的一些办法，譬如：只允许卡车与货车在早上进入拥堵区域。但这只不过是细节罢了。重要的是不能允许任何人，不论其性别为何，以任何借口独占20平方米的林荫"大"道或邻近小马路。

因为办事或娱乐，有教养的人们会从市郊乘车至市中心，到四边形的入口处便优雅地下车并改乘公车、地铁或以步行方式到达目的地。他们在保持运动的同时，也缓和了自己的紧张情绪；在顺利地完成行程之余，还增添了难得的舒畅感。当然了，四边形周围的停车场应该好好地安排，使人们很容易就能找得到他们的车子。不仅如此，我还没有提到对健康的帮助有多大，因为前面我只谈到了双腿而已。别忘了还有肺呢！难道没有巴黎人因为汽车的有毒废气而慢性中毒的吗？看看香榭丽舍大道两旁的树木，它们已经撑不下去了。我们或多或少正像它们一样，都正处于被毒杀之中。如果在市中心地区我们能将这些有害气体减至最少，那么对于大众的健康将会有多大益处呀！

但这些都想得太完美了、太简单了、太武断了。需要花多少年时间，经历多少意外，我们才能最终说服那些没有其他解决办法了的一些相关人士？

——古斯塔夫·泰里

Cette photographie montre qu'un cheval tirant un coche suffit à arrêter mille chevaux-vapeur et à embouteiller la circulation parisienne

这张照片说明了一辆马车足以拦下千余匹马力（的车辆——译者注）并且造成巴黎的交通阻塞。

交通

高速汽车

巴黎的交通问题，是显著的畏缩精神与软弱行动的案例之一，我们承受着它对于公共部门组织的所有影响，共和主义的改革者亦期望借交通问题的解决以彻底地改革我们的国家。

在大城市市中心徒步的行人和行驶的车辆愈来愈局促：聚集的人流车流与日俱增；这已变成记者、商人、巴黎人、郊区人每天哀诉的主题，而在这一大片的哀嚎声中，似乎无法产生任何实质性的想法与任何有执行力的措施。

想想看在尖峰时刻大约 50 万人在拥堵的巴黎往来穿梭？想想看拥挤的交通消耗掉每个人多少时间：每天以 20 分钟计算，因为每天要经过好几次呢，所以每天会失去将近 20 万个小时，或者说每年 6 千万个小时。而车子是得经常停顿下来的，算算会影响到多少企业主管及与之相关的其他工作人员。整个国家可能因此种荒谬的拥堵而损失掉的时间，每年将高达数百万个小时！这些您想过吗？

面对如此紧要的问题，都能预料到危机即将与日俱增，而我们却仅仅满足于哀叹诉苦，或者微笑般的满足，或者偶尔像这样的大胆建议："我们可以增设一些警力"，或者与之相反："我们可以把奥贝尔路恢复成双向道。"

所以，我亲爱的同胞们，请将您的理智提高至现代化生活需求的高度上来。您正面临着极大的困境。看看理想的彼岸，您还敢说不需要极大的努力就能摆脱困境吗？

——普罗比斯

Il y a trop de voitures et pas assez de rues

LE JOURNAL　27 oct 1923

On a distribué hier à l'Hôtel de Ville le rapport de M. Emile Massard, sur les travaux du congrès de la route, à Séville, et sur les différents moyens d'améliorer la circulation.

Les conclusions du rapport sont à retenir : déjà, en 1910, M. Massard avait pu écrire : « A Paris, la surface circulante (des voitures) est plus grande que la surface circulable (des chaussées). » Donc, déjà à cette époque, si tous les véhicules étaient sortis simultanément, ils n'auraient pu se mouvoir. Or, en 1910, il y avait 54.000 autos en France ; aujourd'hui, il y en a 361.000, et on annonce que ce chiffre sera doublé dans cinq ans. Mais les rues auront-elles augmenté de superficie ? Non, sans doute. Toute la question est là.

Pour l'instant, on ne peut que se contenter d'améliorer la circulation en obtenant le maximum de rendement des systèmes adoptés et à appliquer le plus strictement possible les règlements.

Mais cela sera insuffisant. En présence de l'énorme et continuel développement du « voiturisme », il faut songer à créer des voies nouvelles pour les machines nouvelles.

C'est la question des routes qui se pose et celle aussi des passages sous les rues pour voitures. Les routes nouvelles pourront être souterraines ou aériennes dans les villes. De toute façon, il faudra qu'on les construise.

汽车太多，马路太少

昨天市政府发布了埃米尔·马萨尔先生在赛维勒召开的道路会议上关于改善交通的不同办法的讨论报告。

报告的结论正在研究之中；1910 年时马萨尔先生早已提出："在巴黎，（汽车）运行面积远大于（马路）可运行面积。"因此目前的情况早已变成这样，倘若所有的汽车同时出动，它们都将动弹不得。然而，1910 年时法国已有 54000 辆汽车；今天则发展到 361000 辆，而且这一数据在 5 年后还将增加一倍。但是道路面积也会增加吗？毫无疑问是不会的。问题就在这里。

目前，我们只能达到通过改善交通运输系统以及执行最严格的法令所能获得的最大效率。

但这是远远不够的。面对"汽车化"惊人的持续性发展，必须得考虑给这些新机器兴建道路才行。

问题在于道路以及道路之下的各种通道。新道路可以建于城市的地下或空中。无论如何，我们都得兴建它们。

LES HEURES NOUVELLES

L'urbanisme

Le préfet de police vient de prendre une initiative qui marque un esprit nouveau et qu'on ne saurait assez encourager. Il demande au Conseil général de la Seine de décider que les tramways de Paris dits « de pénétration » cesseraient désormais d'être des tramways d'encombrement ; et, par exemple, les deux lignes qui parcourent les rues Réaumur et du Quatre-Septembre, renonceraient désormais à pousser leur tête de ligne jusqu'à l'Opéra.

C'est un fait que le problème de la circulation dans Paris appelle des solutions radicales et même, si l'on veut, radicales-socialistes. Il faut cesser de considérer l'intérêt de tel groupe d'habitants de la ville ou de la banlieue pour courir au secours de l'intérêt public si gravement menacé. L'accroissement du nombre des véhicules est mathématique ; et personne ne pense s'en plaindre, puisque celui-ci est signe de prospérité et d'indépendance pour les petites classes appelées de plus en plus à en profiter.

Ainsi le torrent des voitures se gonfle sans cesse ; mais le lit de ce torrent n'est pas agrandi : on court dès lors à la catastrophe.

Comment la conjurer ? En réglant le cours des voitures circulantes, d'abord. Ensuite en retirant de la circulation les voitures non indispensables.

LEON BAILBY

新时刻
城市规划

警察局最近主动采取了一些新措施，这些措施代表着一种新精神，但其未能得到充分鼓励。它要求塞纳省省议会确保巴黎绰号为"穿透"的电车从今以后不能再阻塞；并且要求行经列奥缪尔路与九月四日路的两条线，从此以后必须放弃起点站至歌剧院站的行驶。

巴黎的交通问题是需要彻底的，甚至是——若您想这么说也可以——彻底的社会主义式的解决方法，这已是不争的事实。为了拯救受到如此威胁的大众利益，必须停止考虑以个别城市或郊区居民群体利益为重点。汽车数目的增加是有数据可查的；没有人会抱怨它，因为它是下层阶级借此愈来愈达到繁荣与独立的象征。

因此，汽车的湍流不断增加，然而这股湍流的河床却无法扩大；从那时候起，我们就步向了一场大灾难。

如何才能避免呢？首先要控制运行的车流。然后减少非必要性的汽车交通运输。

——莱昂·巴伊比

事故

一份剪报就够了。相同的主题每天都一再地重复。每天的新闻都简明地告知了我们伤亡情况。

LES ACCIDENTS DE LA RUE

Un assez grave accident a ouvert, hier, la série habituelle des méfaits imputables à la circulation. Boulevard Voltaire, un taxi conduit par le chauffeur Jean Guilhem, demeurant à Asnières, a happé au passage et projeté sur le sol Mme Joséphine Cardine, âgée do soixante-quinze ans, demeurant 18, cité Popincourt, et deux enfants, Jean, douze ans, et Georgette Zussy, huit ans, qui se trouvaient sur le bord du trottoir. Mme Cardine, le crâne fracturé, a été transportée à l'hôpital Saint-Antoine. Quant aux enfants, simplement contusionnés, ils furent reconduits chez leurs parents, 26, rue de la Folie-Méricourt.

— Collision d'autos rue Montorgueil : installée dans le taxi tamponné, Mme Andrée Petit, âgée de trente-huit ans, demeurant 12, rue de Savoie, est fortement contusionnée.

— Et voici la longue liste des piétons mis à mal par les chauffeurs : M. Boucher, trente et un ans, 38, rue du Rocher, renversé rue du Sentier ; Mme Marie Lefebvre, cinquante ans, 6, rue Arsène-Houssaye, tamponnée avenue Wagram : clavicule fracturée ; Mlle Anna Carquet, vingt-trois ans, caissière, rue du Cherche-Midi, violemment heurtée rue de Rennes ; Mlle Proserpine Rafale soixante-dix-huit ans, rue de Rennes, légèrement blessée par un taxi rue de Vaugirard ; M. Pierre Cheberville, vingt ans, 116, rue Damrémont, renversé rue Marcadet par un motocycliste qui a pris la fuite ; M. Alexis Chenu, soixante-quatorze ans, 4, cour Debille, projeté à terre par une auto faubourg Saint-Antoine.

Enfin, place Saint-Michel, c'est un garçon livreur, Robert Sorthivir, quinze ans, demeurant à Rueil, qui s'engage avec un tri-porteur sur la voie du tramway et qui se fait serrer entre deux voitures qui se croisent. La jambe droite fracturée, il a été transporté à l'Hôtel-Dieu.

NOUVEL... ...RSES

道路事故

昨天一庄相当严重的道路事故导致了一连串因交通引发的常见伤害。伏尔泰大道上，居住在阿斯涅尔的司机让·吉朗所驾驶的一辆计程车，撞倒了正在路过的、现年75岁、居住于波班库尔新村18号的约瑟芬·卡尔蒂纳女士，以及当时正位于人行道边上的两名儿童：12岁的让与8岁的若尔热特·居西。卡尔蒂纳女士颅骨断裂，被送往圣安托万医院。至于两名儿童则只是受到挫伤，他们被送回父母的住处，拉弗里梅里科路26号。

——蒙多盖伊路发生汽车相撞事故：肇事计程车内的安德烈·贝蒂女士，38岁，居住于萨瓦路12号，受到了严重的挫伤。

——以下是一长串行人遭到司机伤害的名单：31岁居住于罗歇路的布歇先生被撞倒在桑堤耶路；50岁居住于阿哈塞纳·乌塞伊路6号的玛丽·勒费夫哈女士被撞于法格拉姆大道：锁骨断裂；23岁居住于谢舍·米迪路的出纳员安娜·卡盖小姐，在雷恩路上发生严重的撞击；78岁居住于雷恩路的普罗塞尔宾纳·拉法勒小姐被沃吉拉尔路被计程车擦撞轻伤；20岁居住于当雷蒙路116号的皮埃尔·舍贝尔维尔先生在马尔卡代路被一辆肇事后逃逸的摩托车撞倒；74岁居住于德必勒区4号的阿莱克西·谢努先生在圣安托万被汽车撞倒。

最后，圣米榭尔广场上一名15岁居住于胡艾勒的送货员罗贝尔·索尔策维尔，驾着三轮送货车经过电车道时被两辆交错而过的汽车夹撞。右腿骨折，被送往迪欧医院。

LE PIÉTON FAUTIF　— Comment voulez-vous que je
lui flanque une contravention? Il
manque la partie où sont ses papiers!

Le Journal, 16 décembre 1924.

犯错的行人

　　——让我怎么开他罚单呢？他的身
份都没有了！

　　　　　　　《日报》，1924 年 12 月 16 日

道 路

　　一把洋镐。

　　是埃德加·坡德的诗篇吗？不是的。它是不再有任何意义的千年古道上一把灾难性的洋镐。道路是交通运输的机器；它是一间执行交通运输的装备工厂。现代道路是一种新的装置。必须兴建那种像工厂般完整配备的道路。

　　当心啊！如果我们已经预料到了目前的道路问题并且提出了解决的办法，城市将从基础开始震荡，而城市规划的时代，伟大工程的时代，伟大的时代，即将就此而展开。

停电

将于各灾区执行

　　拉修榭安旦的市参议院阿德里尔·乌丹先生，昨日要求市政府针对几天以来造成第 8 区、第 9 区、第 17 区及第 18 区无法供应照明与动力的停电事件重新提出说明。

　　乌旦先生详细列举了这次意外所造成的严重灾情，因为一共有 6 万用户遭受影响。商人们必须使用昂贵的照明方式，工业停产，剧院关门；更严重的是，执行电疗法的医生和牙医们无法治疗他们的病人；布雷多诺医院停止了它的 X 光照射部门，等等。我们了解社会大众都很担心未来仍将会发生类似的状况。一把洋镐刨到了电缆线，居然便夺去了 6 万人的照明，实在是令人难以接受。

　　乌丹先生提出是否有可能将电缆系统重新组织，以使短路的影响范围仅限于局部地区。

　　工程负责人弗兰塞斯奇尼先生的回答证实了意外停电的原因确实是因为一把洋镐不小心挖到管道中的电缆线所造成的。影响之大，熔化掉了成千的保险丝，也损坏了同样多的电表。

三天以来两区缺乏照明

未来 7 天内我们将陷于黑暗之中。

　　笨拙的挖土工人，周一时在罗马路因不慎用一把洋镐切断了配电缆线——先前我们已经提到过了——引起了一场后果远远超出预料的严重意外。

　　电力公司今天凌晨告知了我们。

　　不只是第 8 区和第 17 区已经停了 3 天电，我们还知道，短路已经造成了无数的物质损失，甚至于个人事故。

　　在医院的管理部门，我们询问是否有新的意外发生，他们告诉我们说，除了这些已经知道的以外，暂无其他的事故。

　　太好了！但愿一把洋镐的伤害能够就此打住，也希望紧急修复造成的延误不再持续下去……

　　巴黎市议会第二期委员会主席马萨尔先生，他所有的研究均以捍卫速度因素为基础。这一信仰的公开主张为其纲要。而这样的纲要同时也是其信仰的公开主张。

LES DERNIERES CARTOUCHES

Les transformations nécessaires dans la circulation parisienne.

M. EMILE MASSARD
Président de la deuxième commission du Conseil Municipal

LES RÉSUMÉ ICI
POUR LES LECTEURS DE "L'AUTO"

de ralentissement ? Il faudrait être logique. La vitesse a augmenté de 1 à 400 en soixante ans : c'est l'élément primordial du Progrès. Gagner du temps, c'est gagner de l'argent.

Réglementer la Circulation des piétons sur les chaussées.

Prendre comme base, pour l'estimation de la vitesse d'un véhicule, la distance parcourue entre le moment où le signal d'arrêt est donné et l'arrêt effectué.

On a construit des chemins de fer; il faudra construire de nouveaux chemins de terre, chemins affectés spécialement aux nouveaux systèmes de locomotion.

Les rues ne peuvent être élargies. Alors? Alors, on doit chercher la place en haut ou en bas. En présence d'un accroissement formidable, en présence des difficultés de circulation chaque jour croissantes, des mesures radicales s'imposent. Il faut employer un remède d'acier : ouvrir, répétons-le, des passages souterrains pour les voitures, aux carrefours encombrés.

Il faut envisager aussi l'idée d'une voie en tunnel sous les boulevards et réservée aux véhicules. Cette voie serait peut-être plus utile, étant donné que les autobus y passeraient, que le métro projeté.

Hors de cette solution, point de salut.

Et maintenant, comme rapporteur des questions de la Circulation auprès de la Préfecture de Police et du Conseil Municipal, je crois avoir tiré mes dernières cartouches,

L'Auto

Emile MASSARD,
Conseiller municipal (président de la 1ʳᵉ commission)

最后的子弹（办法——译者注）
巴黎交通的必要转变
埃米尔·马萨尔先生
市议会第二期委员会主席
"汽车"讨论会摘要

　　减慢速度？必须符合逻辑。60年之内速度已提升了400倍：这是进步的首要因素。时间就是金钱。

　　制定行人道路交通规章。

　　测量停止交通信号的出现与实际停止时间内的刹车距离，以此作为评估汽车速度的基础。

　　我们已经建造了铁路；必须再兴建现代化的铁路，供新型运输系统的使用。

　　道路无法拓宽。所以呢？所以我们必须往上往下寻找空间。面对如此惊人的增长速度，面对日益增加的交通运输困难，彻底的解决办法势在必行。必须实行无情的解救办法：让我们再重复一遍，开放拥堵十字路口的地下通道给汽车。

　　同时也必须考虑林荫大道下面兴建隧道式道路供汽车行驶的构想。既然公共汽车能由此通行，说不定这样的道路将比规划的地铁更有帮助。

　　除此之外已别无他法了。

　　而如今，作为向市议会与警察局提出交通问题报告者，我想我已经射光了我身上的最后一颗子弹了。

　　　　　　——埃米尔·马萨尔
　　　　市议会第二期委员会主席

我们看到巴黎的马匹几乎完全消失了。然而汽车仍旧被视为是奢华的明显证明。下面是一份涉及卡车在大城市生活中的变化情况的剪报。所以呢？所以必须构思使用卡车的道路。

**L'AUTO N'EST PAS UN LUXE
C'EST un INSTRUMENT de TRAVAIL**

Nous avons déjà dit qu'il y a aux Etats-Unis une auto pour 8 habitants contre une pour 100 chez nous.

Pourtant, là-bas, tout le monde n'est pas riche, mais tout le monde considère l'auto comme un instrument de travail.

Aux Etats-Unis :

4.500.000 appartiennent à des agriculteurs

1.600.000 sont des camions

900.000 appartiennent à des maisons de commerce

150.000 appartiennent à des docteurs

110.000 sont des taxis

90.000 sont des autobus

Ces 7.350.000 autos, qui sont uniquement des instruments de travail, représentent la moitié des voitures.

L'autre moitié sert tantôt aux affaires, tantôt à la promenade : dans la proportion de 60 0/0 aux affaires, pour aller au bureau ou à l'usine, et de 40 0/0 à la promenade.

Michelin

汽车不再是奢侈品 而是工作的工具

我们已经提到过在美国每8个人就有一部汽车，而在我国则是每100人才有一部。然而在美国，大家并不都富有，但是大家都将汽车视为工作的工具。

在美国

450万辆车属于农民

160万辆车是卡车

90万辆车属于商家

15万辆车属于医生

11万辆车是计程车

9万辆车是公共汽车

这735万辆汽车纯粹只是工作的工具而已，占了汽车数目的一半。

另外一半数目的汽车有的是为了业务，有的为了闲逛：60%为业务，为了到办公室或工厂，40%为闲逛。

后果

树木死了

租约的悲剧

巴黎——调情

《民众报》高度关心

客观的后果：树木死了！那城市的居民呢？

《巴黎——调情》，一份娱乐报纸，当中出现了上百万人在孤独中备感压抑的焦虑，他们不被了解，其中有许多离开了拥挤的工厂、办公室与马路之后，就孤单地、孤单地、全然孤单地且不知所措。民众报高度关心能够带来有限幸福但已足以平息悲惨怒气的城市规划。

Menace physique, trouble moral de la ville géante.

NOS ÉCHOS

ON DIT QUE...

★ « Si la circulation actuelle continuait encore pendant cinq ans dans le Bois, cette promenade deviendrait un désert », a déclaré M. Forestier, en demandant qu'on ferme, pendant la nuit, les portes du Bois.

Il a raison. Il faut que les arbres aient un peu de repos. On a fait des expériences avec de jeunes arbres et elles ont démontré que, si la poussière s'amassait au pied de jeunes pousses, celles-ci desséchaient et périssaient...

Voyez ce qui se passe sur les Boulevards où, jadis, l'ombre était si dense, et, où maintenant, ormes et platanes sont rachitiques.

C'est une question extrêmement importante, ne l'oublions pas, et dont dépend non seulement la beauté, mais la santé de Paris. M. Forestier donne l'alarme en protégeant le Bois de son mieux. Puisse-t-il être entendu !

Intransigeante
20 juillet 23

Le drame des loyers

Des milliers et des milliers de citoyens, accoutumés au foyer, deviennent, malgré leur travail, des parias sans feu ni lieu. Ils gagnent pourtant, ils possèdent. Leur instinct cherche l'équilibre, la stabilité, tous les avantages ordinaires du domicile. C'est la loi qui les précipite dans le désordre des masses flottantes. La moralité publique les perd sans retour. La tentation de la rue, les appels du cabaret conspirent à vous détourner. Interrogez les Parquets. Ils vous diront les inconvénients d'une crise qui prélève ce pourcentage effrayant sur les « réguliers ».

Le Journal.
MORO-GIAFFERRI,
avocat à la Cour, député

回声

有人说……

"如果现在的交通情况在未来5年内仍旧持续地运行于森林之中，那么这个间暇散步的场所将会变成一片沙漠"，佛黑斯堤耶先生要求夜间关闭森林大门时指出。

他是对的。树木需要些许的休息。我们用幼树试验过而结果显示，如果尘埃累积至幼树根部，它们就会枯萎至死……

看看林荫大道上发生的，那里在过去的时候树荫是如此的茂密，而如今榆树与梧桐树全都变得发育不良。

这是一个非常严重的问题，别忘了，不但市容美观、就连巴黎的健康都仰赖着它。福雷斯蒂尔先生（Forestier）提出警告并尽其所能地保护森林。大家听得到吗？

可是除了记载会议消息之外，别的什么事都做不了啊：事情总是如此。

租约的悲剧

成千上万习惯于家庭生活的市民，尽管有工作，仍然要变成无家可归的贱民。他们赚钱谋生，拥有财富。他们本能地在寻求平衡、稳定以及其他一些居家生活所具有的优点。然而法律使他们陷入不稳定的混乱之中。民众的生活中永远缺失它们。街上的诱惑和夜总会的呼唤试图谋求改变这一切。去问问那些检察官们。他们将告诉您那些源自这些"规律性"的危机弊病何在。

——莫罗·吉亚费里
法院检察官，参议员

PARIS-FLIRT

Lisons, veux-tu

Jeune fille, 30 ans, grande, blonde, assez forte, distinguée, douce, affectueuse, secrétaire, désire rencontrer, pour mariage heureux, Monsieur 30 à 45 ans, ayant situation assurée. Si pas sérieux s'abstenir. Bernard, abonnée P.O.P., 11, boulevard Saint-Germain.

M. p jeune, veuf, seul, joli appart, s'ennuy. cherche gent. amie blonde simple, p. affect. dur. même mariage Tr sér Rys, Paris-Flirt, 11, rue St-Joseph.

Veuve 42 ans, empl. adm., dés conn. M. sérieux, très soigné, en vue mariage. Ecr Nelly, « Paris-Flirt », 11, rue St-Joseph.

J'ai 29 ans, suis très sérieux, mais sans relations. Désire rencontrer en vue mariage jeune amie, simple, employée, mais vraiment bien. Grandes qualités de cœur. Ecr. J. Raymond, 151, avenue de Neuilly, Neuilly-sur-Seine.

Jeune femme distinguée, sérieuse, ayant intérieur confortable, désire Monsieur très sérieux pour aide morale et pécuniaire. Répondre à Mme Fortnam, P. R. rue Jouffroy, Paris.

巴黎——调情

读读看。愿意吗？

年轻女孩，30 岁，高挑金发，健康优雅，温柔热情，秘书，希望认识幸福的婚姻对象，30 至 45 岁男士，经济条件稳定。非诚勿试，圣日耳曼大道 11 号。

年轻鳏夫，单身，漂亮公寓，寂寞，寻找善良、单纯的金发女友，望感情持久，结婚亦可，来信寄，《巴黎——调情》，圣约瑟路 11 号。

42 岁寡妇，有正当工作，希望认识认真、细心周到的男士结婚。来信寄娜莉，《巴黎——调情》，圣约瑟路 11 号。

我 29 岁，真诚可靠，无交往对象。希望认识年轻女性作为结婚对象，单纯、有工作且品性良好。心地善良。来信请寄雷蒙，讷伊路 151 号塞纳河畔讷伊。

年轻优雅女士，真诚，个性开朗，希望认识真诚、精神和富裕之男士。回信寄福特南小姐，儒弗瓦路，巴黎。

A propos d'une visite à la Cité des Lilas

Jamais la réaction n'a trouvé un « terrain » plus favorable à la consolidation de la servitude sociale et économique. L'illusion de la propriété individuelle multiplie les esclaves et les accule à la plus lamentable existence de parias. Des millions économisés sur le nécessaire, s'engouffrent dans les poches des flibustiers du lotissement à tempérament. La terre devient une affaire de spéculation, de beaux domaines sont pulvérisés, mais nulle part ne s'indique une vraie politique d'urbanisme.

La société bourgeoise se débarrasse du lourd poids que faisait peser sur elle le problème du logement, en créant l'illusion de la tranquillité chez des gens qui, leur vie durant, n'auront ni confort, ni paix, car ils n'auront jamais un foyer digne du travailleur.

Peuple
24 avril 23

关于利拉新村之一游

　　人们从未找寻到一个摆脱社会与经济束缚的理想"场所"。个人财产的幻想致使无数受其奴役者陷入最悲惨的贱民生活方式。民生所需节省下来的数百万都以分期付款的方式进了住宅社区的荷包里。土地变成了投机的事，优美的地区受到摧毁，但没有任何一处显示出真正的城市规划政策。

　　资产阶级摆脱了住宅问题加诸于其身上的重担，一些生活既不舒适亦不清静的人们萌发了安谧的幻想，因为他们永远也无法拥有适合上班族所需的住房。

* *
*

创 始

有志者事竟成。我母亲努力地让我接受这个极具说服力的格言。

清洁

夏令时间

重建灾区

证据；乐观主义：有志者事竟成。

志为何物呢？试着提出城市规划的问题并回答之。

AU G. Q. G. DU NETTOIEMENT

La Toilette de Paris..

•••
Mais la « collecte » n'est rien, si on la compare au nettoiement des 10 millions de mètres carrés de chaussées et des 9 millions de mètres carrés de trottoirs.

Pour que le centre des chaussées soit balayé au moins une fois par jour, 263 engins automobiles, parqués dans leurs 12 garages, s'élancent, chaque matin, et accomplissent furieusement leur corvée de balayage sur le pavé de pierre, de lavage, suivi d'un caoutchoutage du pavé de bois et d'arrosage à grande eau.

Ces 263 voitures font, quotidiennement, un voyage de 10.000 kilomètres, ce qui, au bout de quatre jours, leur fait accomplir le tour du monde.

Intran . 12 juillet 23

清洁

但是"收集"根本就微不足道，如果我们将它与 1000 万平方米马路和 900 万平方米人行道的打扫相比较的话。

……

为了将马路每天至少清扫一次，停放在 12 个车库的 263 辆清洁车，每天早上奋力投入工作，极力完成它们打扫与洗涤石头铺装的马路的清洁，然后再为木质铺装的马路上蜡并洒水。

这 263 辆车每天行程 1 万公里，四天就足以环游世界一周。

……

Grâce à l'heure d'été

Marseille, 11 juillet (*de notre corr. part.*). — Dans 354 jardinets de 200 mètres carrés chacun, donnés dans la banlieue marseillaise à des familles ouvrières, seront récoltés environ 250.000 kilogs de légumes cette année — ce qui représente un rapport de 700 francs par jardin qui en coûte à peine 50.

Et leur culture par les 2.145 personnes (dont 1.454 enfants) auxquelles ils sont attribués représente près de 80.000 journées de travail passées en plein air les dimanches et le soir après la sortie de l'atelier — grâce à l'heure d'été. — P. C.

Intran

多亏了夏令时间

马赛，7 月 11 日——在 354 个位于马赛郊区的工人家庭，每座面积 200 平方米的小花园里，今年即将收获大约 25 万公斤的蔬菜——意味着每座花园将有 700 法郎的收益，而其成本几乎不到 50 法郎。

而耕种它们却要花费 2145 人（其中包括 1454 名小孩）大约 8 万个户外工作日，利用周末与晚上下班后的时间——多亏了夏令时间。

118 MILLIARDS
consacrés par la France au relèvement
des régions dévastées

Maisons reconstruites ; terres cultivées

Sur 22,900 usines détruites ou endom-
magées, plus de 20,000 sont actuellement
exploitées. Sur 3,306,000 hectares de terres
bouleversées, près de 3 millions d'hectares
sont remis en état; sur 333 millions de
mètres cubes de tranchées, plus de 286
millions de mètres cubes sont comblés;
sur 375 millions de mètres carrés de fils
de fer barbelés, plus de 291 millions de mè-
tres carrés sont enlevés; sur 4,809 kilo-
mètres de voies ferrées à reconstruire,
4,495 kilomètres sont restaurés; sur
741,993 maisons détruites, pulvérisées ou
gravement endommagées, 598,000 maisons
sont réparées ou reconstruites. Enfin la
vie économique renaît dans nos dix dépar-
tements dévastés, puisqu'en 1923 il a pu
être mis en recouvrement dans ces régions
3 milliards de francs d'impôts.

Voilà ce qui a été effectué jusqu'à ce
jour ! Voilà, pour répondre à certaines ca-
lomnies, l'emploi qui a été fait des mil-
liards que nous avons avancés à l'Allema-
gne défaillante; pour relever nos ruines.

Ce qui reste à faire

Le Tournal

11800 万法郎
投入了法国重灾区
重建房屋；耕地

在 22900 间摧毁或损害的工厂之中，有超过 2 万间目前已恢复使用。在 3306000 公顷的土地上，大约 300 万公顷已修复；3.33 亿立方米的沟渠，超过 2.86 亿立方米已填平；3.75 亿立方米的有刺铁丝，超过 2.94 亿立方米已被除去；4809 公里的铁路待修，4495 公里已被修复；741993 户房屋受损、摧毁或严重损坏，598000 户已被修复或重建。10 个灾区的经济活动已恢复，因为 1923 年间这些区域得以征收到 30 亿法郎的税金。

以上是截至目前为止已进行的部分工作！为了驳斥某些恶意的中伤，数十亿法郎已被用于恢复重建我们的灾区，这一数据超过了虚弱的德国。

其余尚待努力。

规划

　　事情都摆在这里了：规划。

　　规划区分为：部分的或整体的。觉悟出解决办法的人们试图提出一套完整的规划！局势急速地发展。新的时代即将取代一个业已结束且陷入停滞的时代。规划由新人所制定！这几十年来，时代往前迈进了一大步；规划总是太短暂了些，总是不具有足够的前瞻性。提交的规划内容永远不嫌太过超前。再过几年之后，城市规划将发挥其作用而获得极大的关注，科技和工业活动的重要部分亦将致力于此。

LES CONSEILLERS IMPRÉVOYANTS

Le Grand Paris

Un plan d'extension dort
dans les cartons administratifs,
il faudra bien le réveiller

Ce sera le grand Paris. On y viendra, sans plan rationnel peut-être, puisqu'on s'obstine à n'en point avoir. Mais on y viendra parce qu'on ne peut pas faire autrement. Et ce jour-là il faudra bien sortir le projet administratif du grand Paris, lequel sommole dans les cartons de la préfecture. Mais on conçoit très bien qu'\le Conseil municipal de Paris attende cette heure sans impatience. Car son règne absolu, autocrate et incertain sera bien près de finir. — HENRI SIMONI

l'Œuvre, 30 juillet 23

缺乏远见的市议员

大巴黎

扩建计划沉睡于行政当局的文件夹里，必须唤醒它们

　　即便没有任何合理的平面规划图，我们即将迎来的是大巴黎地区，因为我们并非刻意要它。我们将不得不走向这一环节，因为除此之外别无选择。而今天必须好好地拿出大巴黎地区的行政当局计划，在警察局的文件夹里沉睡已久的部分。但我们很清楚巴黎市议会并不急于这一刻。因为他们专制独裁的统治将会很快地结束。

　　　　　　　　——亨利·西蒙尼

*
* *

　　新闻媒体每天都在紧凑的城市规划专栏里刊登愈来愈多的促使我们
的生活走向正规和步入秩序的话题。

— Je veux qu'en France chaque habitant ait son auto.
— Ce sera le moyen d'empêcher quechaque auto n'en
arrive à avoir sa tête d'habitant.　　　(Dessin de L. KERN.)

Le Journal, 2 octobre 1823.

——我希望在法国的每个居民都有属于自己的车子。

——这将是阻止每辆车子拥有它的主人的办法。

（科恩绘图）

《日报》，1823 年 10 月 2 日

这就是我们的大胆梦想所被赠予的：它们有可能会被实现。

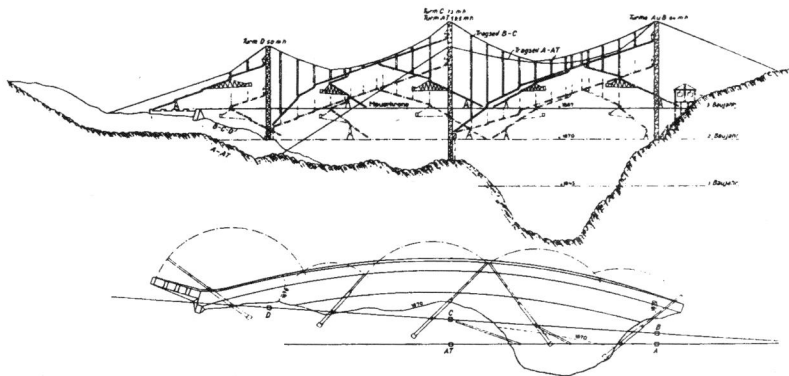

水坝。混凝土配送装置的平面图与立面图。整个临时装置共 375 米长、125 米高。
我们能看到混凝土升降机的塔机和高架的配送装置悬吊于缆索系统之上

第 10 章　我们的工具

"人类历史中从未有过像普法
（法国 – 普鲁士）战争般激烈的国际
性斗争；历史上没有任何一个时期
曾出现过如此剧烈浩大且持续数月
之久的事件。"［引自《1870—1871
年战争通史》（Histoire populaire de
la guerre）］

……此即我们看待 1871 年的方式！

　　为了激励略有惶恐的热情，为了鼓舞尚在观望之力量，为了驱逐民
主主义式的妥协与停滞，必须明确地指出前期努力所能赋予我们的
工具。

　　必须指出，在面对大城市中出现的集体现象时，我们的积极性、我
们的力量及我们的方法都不再像过去那样个人化、颇受局限且毫无效

率，而是强烈地融合了一切力量，汇集那些当代的各种全新的发展形式之结果；而这种积极性、这股力量与这些方法，均有如巨大的金字塔一般，一砖一瓦都是群策群力，借当今世界思想演变所记载的点点滴滴而集大成。我们必须联系各种跨越种族、跨越国家、跨越洲际的最新成就。在 20 世纪的今天，思想之团结在世界各地都是一致的；任何行动都不再是出自于当权者个人之手；任何行为、举动及措施，都是采纳了世界上的通用方法，汇集了四面八方的人们之无数智慧。这是真正的通力合作。一个人是极其渺小的，其思想也是有限的；但是他能够掌握全世界的工具。

当前，进步正与日俱增；科学的时代已经来临（它直到机械化的这一刻才来临）。除了将看到今日所无法预料之变化，除了能看到我们已经跟不上 20 年来快速发展之步伐，我们还能知道未来的一些什么事？我们的父辈和祖父辈，他们拥有另外一种生活方式和生活环境。我们目前的生活方式是异常的、失去平衡的，而我们所面对的生活环境是令人无法忍受的。今日我们已拥有世界性的通力合作，在不久之未来，很快就能实现智者的所有构想。试举一例予以说明。

* *

这是正在阿尔卑斯山上兴建的一个大型水坝。技术问题是单纯的：需要耐心和精准度，以提高山谷谷坡处的水位。大量地容纳人造湖水的理想即将实现。需要一些计算法则来解决几个相当简单的公式。结论是：必须建造一个这样长度与高度的水坝，底部与顶部必须有一定的厚度，从而能够给水坝以适当之推力。一个普通才智的人就能完成这些计算：这是一个微不足道的工作阶段。

不过这些数字是十分浩大的，需要浇筑的混凝土的体积极其庞大。水坝位于海拔 2500 米的高度，永久积雪之范围内。这个山谷几乎位于世界的尽头，远离所有的车站和道路：四周的悬崖峭壁阻隔了道路。在大坝之狭隘地区，冬季的积雪达 20 米厚，每年只有短暂的 5 个月时间能够工作，之后大雪便将袭来；是那种高海拔的暴风雪。

在这里，四周附近都没有任何人烟，没有任何房屋，除了阿尔卑斯山的俱乐部在夏天会留宿一些登山运动员之外。没有生活必需品的供

水坝
Le Barrage.

应，没有食物供应，没有木材可以燃烧取暖。什么都没有。

这就是奇迹即将发生之处的环境条件。

……法老任用 3000 人将巨石从采石场运至神殿；2000 名船夫花费 3 年时间运送一大块削切完工的花岗石祭台。可以想像这群人的哀嚎、鞭刑，肉体之痛楚、纷乱之嘈杂，何等野蛮，何等残暴？

我们经由山间陡峭的隘路而进入山谷的上游。传来了声响：轻微的隆隆声。这是经过良好润滑的滚轮在钢缆线上行进的隆隆声响。奥妙如下：一个高架的索道，一条双钢缆线，绵延数公里，悬吊于高出岩石和草地 10 米的塔机之上，从早上 5 点一直工作到晚上 5 点。整个山谷萦绕着隆隆的响声。在冰川山脚下的远处那端，挖掘机正在地上挖掘将要用作混凝土原料的碎石，不过它们得先要经过那棵高大冷杉那儿的辗磨机、输送带、洗涤机、筛捡机以及沿着缆索的自动装货机，于天地之间，将巨石碴削减为具有一致尺寸且符合使用要求的细石后才被运出。一个接一个地，50 米的间隔，所有的抓斗都运抵水坝工程之上 100 米处的混凝土搅拌机机房，并将细石自动地注入其中。在对面的方向，自山谷的下方，缆索道下跌 800 米而到达另一座山谷的一个车站，在那里，精巧而固定的小铁路通过上百个崎岖不平且令人晕眩的通道而与水坝下方 2000 米处的山谷相联系，运输水泥的抓斗鱼贯而行，与两三个运载细石的抓斗擦肩而过。在操控装置的控制下，这两个运输系统便开始运作，一个来自于冰川，另一个来自于远处的山谷，就好比一个人的双手一般。在每一天，精确定量的 120 万公斤原料缓缓地流向混凝土搅拌机，有秩序地静待掺和。所以，那上面汇集了各种精确配量的原料，经过适度的湿润和搅拌而制成混凝土；然后快速地注入高起的槽池，再运送至高处悬于水坝之上的塔机。摇晃的混凝土自动地流入输送装置。这些输送装置啊！悬浮于蓝天之中，在山谷中央形成一个缆索网，我们可以想像，真是有如吊桥一般；这些输送装置，实际上是输送滑板，从空中以固定斜度顺势而下，注入水坝的基础，那里最终有人正在为之而工作着。他们抓紧这些巨蛇口的缰绳，将混凝土流导引输送至适当之处；正是这样，混凝土无时无刻地——连续三个夏天——不间断地流下去。

轻微的隆隆声遍布整个山头；早上 5 点在阿尔卑斯山俱乐部的房舍

中起床，人们听到这悦耳的声音，不禁油然而生一股惬意、安全、秩序的感觉。除了水坝上的 20 几个人之外别无他人。这里和那里，工人们在机器旁上油、磨光，技工监督着。当然了，也有清洁工人！在那高处，蓝天之下，令人触目惊心的景象，一个工人走到其中一个输送装置的下面进行打扫。另一个令人晕眩的画面，在水坝的左边，几个工人正想从水坝的一侧去往另一侧；一个平台从天而降，载上这群工人，之后再度升起；抵达高处之后，它沿着缆索滑动，到了水坝的另一端后再度降落。站在水坝的脚下，能看到涂有红铅的塔机，白色发亮的缆线；阿尔卑斯山俯视着一切。听起来有点荒谬，但它使我想起了古希腊的四联剧（Tétralogie），建造之神瓦尔哈拉（Walhall）（请您原谅我！）；神降临凡间，在机房里手握操纵杆；管风琴对着荒野的风景在轻轻地歌唱；成群的牛羊在最后的稀疏草地上吃草；这是高海拔地区寂静无声之壮丽画面。

我心里想着：人类真是伟大；人定胜天！我们在巴别塔（la Tour de Babel）上用法语交流，最后成功了。我真的十分感动。真令人感动，令人折服。太美妙了！

从水坝可得到如下启示：

在水坝的跟前，是一种游牧民族的营地——完美地、标准化地建造的棚屋，舒适、如医院般干净，水坝工人食宿其中。

这里也有一个永久性的棚屋，负责水坝工程指挥的人住在其中。我们称其伟大的队长：三位相貌平常的男士，跟您我的身高差不多；糟糕的是，他们对于《新精神》的想法捧腹大笑。我们颂扬它，而他们呢，则是一边工作一边回答道："当然不行"，他们说道，"一天要完成 600 立方米已经够我们受的了！"我们向他们说明了我们是如此的备受感动；但是并没有效果。我们告诉他们："真是太美妙了！"他们却当我们是傻瓜。诗人啊！我们失望透了。

"这样的工地，可以说预示着一个伟大的时代即将来临。当城市以此种方法进行建造……当巴黎的重建以此种规模开始进行时，我们可以期待会有多么伟大的作品呢？等等。"——"巴黎，巴黎市中心，这样浩大的工程，您难道想把什么都破坏掉吗？美景怎么办，先生？历史怎么办，先生?"（透过窗户，我们看到外面空中的钢制瓦尔哈拉）这样的构造，可以说是重振了新时代的力量并为我们开启了炫目的视野……"噢，您一天 8 个小时到处都找得到舞厅、电影院，你让年轻姑娘们再也顾不上美德了!……"

我们从云端坠落，折断双翼。我们真是心灰意冷。

*
* *

当然不行，以下才是水坝的启示:

a）一套计算的规则。计算的规则能解决全世界的方程式;世界上的物理学是所有人类成就的基础。

b）一位小心谨慎的监督员，5 点起床，急忙赶至机器站台的操纵杆旁;隆隆声开始作响;控制所有滚动和转动装置的润滑上油;陆续地完成受委托的工作。

c）一位程序员，即学徒;为了建造水坝，需要有高山火车头与车厢、高架缆索道、塔机、混凝土配送系统、混凝土搅拌机以及挖掘机。要有人能够驾驭这些装置和设备。

完全出人意料之外，水坝的大队长竟是我们认识的一个承包商，他在以前所工作的小村落已有 20 年承盖小住宅的经验。但是我们吃惊地注意到他的状况清单非常精细严密，工地必需品的供应绝无半点差池。这位先生是极少见的那种能够自始至终一直严密地保持精确控制的人，而且从未出过任何纰漏。真是天生的管理者。正因为他从未出过纰漏，20 年之后，最终成为水坝的大队长。

因此:大自然是千变万化的、丰富的、无限的，但人类从中提取单纯的法则并创造出单纯的方程式。人类的作品必须完成于秩序之中，而秩序本身便足以创造出伟大的作品。伟大的作品不一定要出自伟人之手。只需要到处有伟大之人能够找出大自然的方程式。

以下仍是水坝的启示:

为了建造一座水坝，必须……（如之前所言）。

让我们更靠近地观察在此处工作的这个威力无边的机器。

这是多项发明的国际博览会。缆线的卷盘上写着"法国";火车头上写着"莱比锡";塔机与输送装置上写着"美国";电子设备上写着

"瑞士",诸如此类。有一些宛如两颗胡桃仁般大小的零件,是用来缝合两条缆线的,在它的铸铁上我们看到了"美国"的字样。

让我们好好想想,此项奇迹说明了:当今的世界是通力合作的。任何一样东西,小至一个螺钉、一个吊钩,当它是一件巧妙的新发明时,它便能够取代所有其他的事物,它逐渐普及,最终将获得辉煌的成就。它到处都存在!完全没有疆域、边境、语言、使用地区等的藩篱限制。将此现象扩展开来之后,您可以下此结论:所有属于进步的事物,也就是人类的工具设备,其正面价值不断地增加,纳入整体之中。进步逐步上升。科学赋予了我们机器。而机器则赋予了我们以无穷的威力。轮到我们能够创造自然的奇迹了。

我们手上握有的工具设备,是人类知识经验的总和。

有了这些工具设备,这些骤然产生的、突然变得强大起来的东西,我们就能够成就大事。

这就是水坝的启示。

还有一件大事。现代瓦尔哈拉诸神只是那种无法持久地感动我们的原材料而已。

所以这就与心灵有关;与我们心中的某些东西有关,不再是国际性的、不可胜数的,而是个别性的、不能累加的;这是存在于人类之中的某种东西,且这种能力将随着他的死亡而消失。丰富的综合能力。所以这与艺术有关。

建造水坝的那些人都是平凡中的个体,和你我一样,精通于某些极为狭窄的领域。

*
* *

水坝则是伟大的。

因此,即便说人类是渺小且思想狭隘的,但是人类身上却具有创造伟大的能力。

困难不再是令人晕眩的,它无限地细分,分类;整个系列适合于所有的个体;困难是我们所能够解决的。

人类可以是平庸的。

人类的整体则是伟大的。

纽约：拥有 5 层铁路与车站的道路系统（第六大道）最下方的隧道是地铁大动脉"宾夕法尼亚铁路"

伦敦：两个交错的地下车站［引自《城市建设》（der Stadte-bau），W. Hegemenn 博士著］

巴黎，地铁工程，1907 年

水坝是伟大的。

这就是我们的大胆梦想所被赠予的：它们有可能会被实现。

在塞纳河河边的淤泥层中将要埋设的金属沉箱

* *
*

让我们谈谈路易十四的例子，他是历史上伟大的城市规划学家。巴黎在当时只是一个蚂蚁窝，命中注定是一种紊乱的局面。

巴黎，旺多姆（Vendôme）广场

　　那里全都是狭窄的、"三名火枪手"式的小巷道。难以梦想在这片紊乱之中会有美的存在，建筑之美！为了拥有这样的梦想，必须具有比今天还要大的勇气，今天的我们至少还承袭了路易十四所遗留给我们的胆识。

　　不要讽刺性地说，对于统治者而言一切都是可能的。我们的主管内

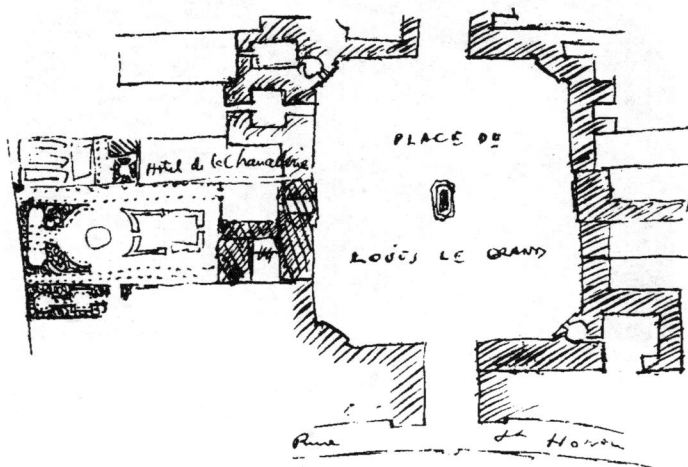

旺多姆广场的街区平面图

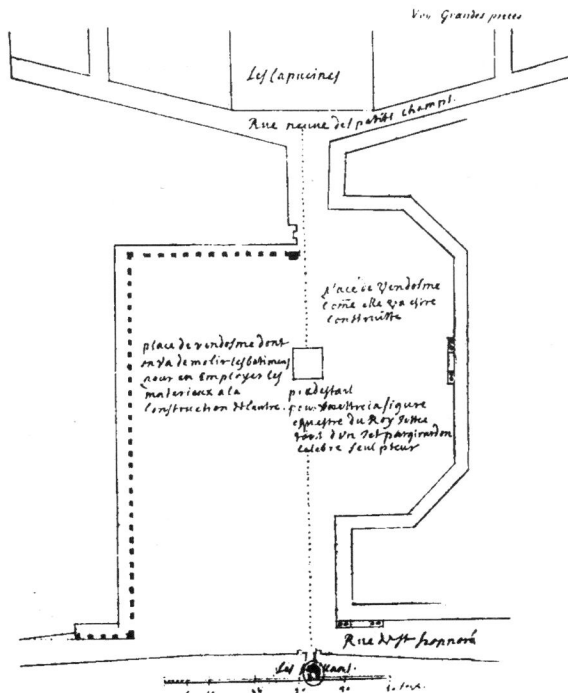

Parallele du 1ᵉʳ plan de la Place Vendôme et de celui sur lequel Mansard la fit construire
Voy Sᵗ Victor. Tom I. p 438.

"公告通知说，旺多姆广场建筑所围合的内部广场和外围附属的古建筑，以及这张平面图上黄色标示的新圣奥诺雷（Neuve Saint-Honoré）大街上的旧嘉布遣修道院（ancient couvent des Capucines）即将出售。想要进入大广场拥有陛下所建造的拱廊的人们将可直接购买，只要其购买数量不低于两户。上述大广场周围广大范围内的买主中，凡购得邻近道路者无须再支付上述购房的任何税金，任何因此而产生的户主所应支付的税金，均遵照 1686 年 5 月 2 日行政院决议进行处理，可向市政府索要相关资料的副本。"

阁和他们的部门难道不是法律上的统治者吗？（当然了，由于某种能力的缺乏，导致他们在实际上无法成为真正的统治者。）不能这样说，必须先有个观念，然后思考它，把它弄得更清楚。

路易十四颁布公告说：凡顿广场既窄小又简陋。那里的建筑物将被拆毁，将重建一个新的旺多姆广场。这是它的平面图，将依照芒萨尔（Mansart）的设计方案进行新建。广场的立面建设将由国王承担费用。立面后方的土地将依照买主的意愿出售。

买主有的可获得两扇立面窗，有的可获得十扇立面窗。私人住宅的建筑物提供了一个相当远的进深。

旺多姆广场变成了全世界最纯粹的瑰宝之一。[1]

* * *

有观念，有想法，有规划！这些正是所需要的。

那工具呢？

我们有没有工具呢？

路易十四使用铲子、洋镐；帕斯卡（Pascal）刚刚发明了单轮手推车。

操控着人们并且有能力引导我们进入可怕战争的财务组织，如今不是已经达到鼎盛时期了吗？路易十四对小小的旺多姆广场的组织只是小事一桩，而这个广场至今仍为我们的骄傲和喜悦的象征而屹立不摇！

这就是历史上最后一位伟大的城市规划学家，路易十四。巴黎当时只是个蚂蚁窝，命中注定是紊乱的局面。那里全部都是些狭窄的小巷道。梦想在这片紊乱之中会有美的存在，有建筑之美？必须先有个观念，然后思考它，把它弄得更清楚。

我们的主管内阁和他们的部门难道不是法律上的统治者吗？

在过去，一个人所蒙受的耻辱足以将他带入巴士底（Bastille）事件之中。今天，撤退的人们伴随着关注、热心与敬重的心情。有点想法已经不再像过去那样危险了。

* * *

有观念，有想法，有规划！这些正是所需要的。

那工具呢？

我们有没有工具呢？

---

1. 认识上有很大的混乱。决定着我们城市命运的一个官员声称："您觉得旺多姆广场这种做法很好吗？每个人都可以在立面之后任意地敲敲打打。这是错误的，不道德的，这等于否定了建筑。每个人都应该有自己的立面。这是礼貌之类的问题。"我们又回到中世纪了。由路易十四所开启的大门，拿破仑所扩大的里沃利（Rivoli）路，再度关闭了……

奥斯曼男爵（Baron Haussman）在巴黎挖掘了一个巨大的缺口，实施了一项最肆无忌惮的手术。巴黎似乎经不起奥斯曼的大手笔实验。

然而，今天在巴黎难道还看不出这位深具胆识者的作为吗？

他的工具呢？铲子、洋镐、四轮马车、泥铲、单轮手推车、人民所使用的一切的简单器具……直到新的机械。

奥斯曼的作为真是令人钦佩。而且，摧毁了混乱之后，他也重振了帝王时期的财务状况！

……当时在乱哄哄的会议中，法国下议院谴责这位令人担忧的先生。在某天恐惧来临之际，他们指责他在整个巴黎市中心创造了一个不毛之地！塞巴斯托伯勒大道（Boulevard Sébastopol）！（那里已经拥堵了一年时间，大家也都见识过了：警察的白色警棍、哨子声、骑警、电子信号设备，光学与声学的都有！）生活就是这样！

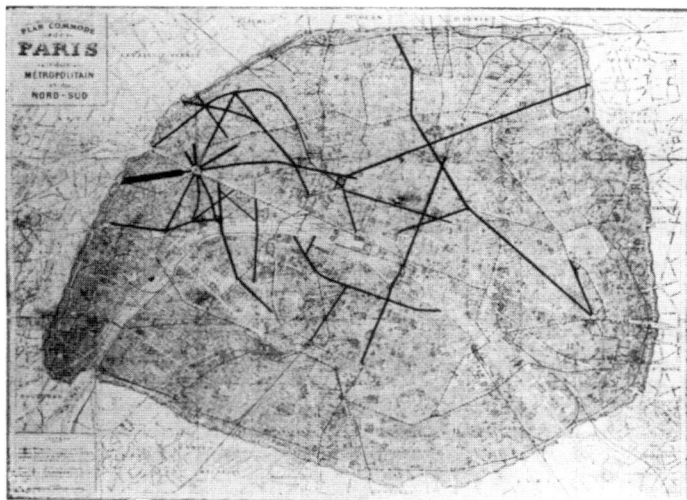

奥斯曼实施的主要的外科手术

奥斯曼所用的工具

中国的万里长城，3000 公里长，《图片报》

Le "Père du Métro" reçoit la Médaille d'or de la Ville de Paris

La municipalité parisienne a fêté hier M. Bienvenue, inspecteur général des travaux, qu'on a appelé le « Père du Métro ». C'est lui qui, en effet, a conçu les plans et dirigé les travaux du chemin de fer souterrain de Paris dont la longueur atteindra bientôt 140 kilomètres.

Le Conseil municipal a décidé de lui décerner une médaille d'honneur au cours d'une pe-

M. BIENV'

...onie qui a e

"地铁之父"获得
巴黎市金质奖章

　　巴黎市政当局昨日隆重表彰了劳工监督局局长、人称"地铁之父"的比安弗尼先生。实际上，他就是构思长达 140 公里的巴黎地下铁路平面规划与指挥工程的幕后功臣。

　　市议会决定授予其荣誉奖章……

美国。拥有 12 间旅馆、6000 个房间的规划。190 层楼高

海洋之中的航空母舰平台

弗里堡（Fribourg）的普罗勒斯（Pérolles）桥，1921 年。5 座 56 米跨度、70 米高的拱形
结构

第二篇　实验工作　理论研究

必须有行为准则。必须有现代城市规划的基本原则。

必须创造出一项严密的理论性框架，以便提出现代城市规划的基本原则。

SYSTEME
CONGESTIONNE
拥堵的系统

持续的旧状况

l'etat de choses ancien
qui
persiste

l'etat de choses nouveau
qui
provoque la crise,
crise a ses debuts

开始引发危机的当前状况

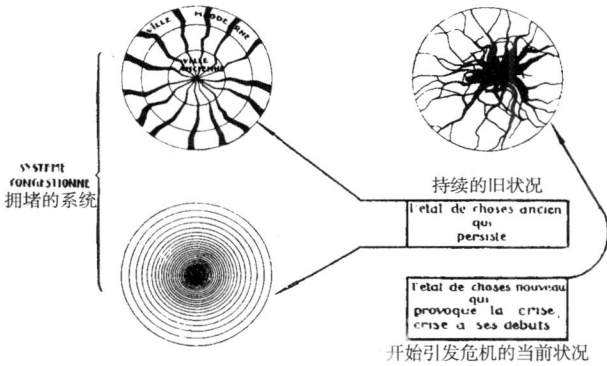

第 11 章　现代城市

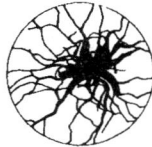

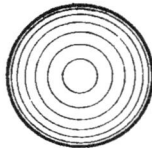

décongestionner le centre
疏通市中心的拥堵

　　通过技术分析与建筑集成的方法，我草拟了一份 300 万居民的现代城市规划方案。此项成果曾于 1922 年 11 月在巴黎的秋季沙龙上展出过。它引起了人们的一些震惊：此震惊导致了其中一些人的愤怒，而另外的一些人则为此而感到兴奋。我所主张的解决办法十分猛烈，毫无任何妥协或折中。展出的规划方案未加注释说明；至于规划图，唉！并不

是每个人都看到过。我本应该出席展览，以回答那些有关感性中之理性
的基本问题。这些基本问题引起了极大的关注，但如果没有任何回应的
话，它们是无法延续的。后来被委托开展本项旨在介绍城市规划新原则
的研究，我坚持首先必须回答这些最基本的问题。我运用了两种推论方
法：首先是基础性的人文推论方法，精神的标准、心理的标准、感觉的
生理学等，而后是历史和统计学的推论方法。由此，我得以触及人类社
会的基本层面并掌握我们各项行为的环境状况。

　　我认为这样一来，就能带领读者跨越某些想当然的阶段。因此，在
将要介绍规划方案的时候，我将确信大家对它的震撼将不再是源于某种
惊愕，对它的畏惧也将不再是源于某种不安。

＊
＊ ＊

300 万居民的现代城市

　　采用实验室研究的方法，我回避了一些特殊的情况：回避了所有的
偶然事件；我置身于一个理想的状况之下。目的不在于解决现有的一些
问题，而旨在创造出一项严密的理论性框架，以便提出现代城市规划的
基本原则。这些基本原则，如若不是凭空捏造的，必将能够作为现代城
市规划所有秩序的骨架；它们将成为新的游戏规则。然后才是考虑一些
特殊的情况，也就是说不论在任何的情况下：巴黎、伦敦、柏林、纽约
或是任何小镇，只要我们从一致公认的确定性出发，去指挥一场即将开
始的战斗，必将无往而不胜。因为想要重建一座现代化的大城市，就像
要投入一场可怕的战斗一般。不过，您能想像在没有详细了解攻击目标
之前就盲目开战吗？我们目前正是如此。穷途末路的主管机构投入身带
警棍的警察、骑警、声学光学信号装置、天桥、地下通道、花园新城、
取消电车等等的冒险之举。一个接一个地，全都气喘吁吁地抵抗着猛
兽。而这只猛兽（即大城市）呢，比人们料想的更加威猛；它只会愈加
苏醒而更具威猛。明天我们又将发明什么与之对抗呢？

必须有行为准则。[1]

必须有现代城市规划的基本原则。

场 地

平坦之处是理想之场地。各处的交通流量都更加紧凑，平坦的地势能够提供正常的解决办法。平坦之处的交通流量降低了，令人困扰的意外也将会减少。

车流远离城市。车流成了一种流动的铁路，既是货运站，也是调配站。在一栋精心设计的房间里，仆人用的侧梯是不会穿过客厅的——即使说布列塔尼（Bretagne）的女仆喜欢卖弄风情（或即使说海上的游艇喜欢炫耀和取悦桥上弯着身子看热闹的人们）。

人 口

城市人口，郊区人口，以及二者的混合人口。

a）城市人口，生活重心在城市里并且居住于城市之中者。

b）郊区人口，工作于郊区的工业区且不住在城市之中者；他们住在花园新城里。

c）二者的混合人口，工作于城市的商业区之内，但居住在花园新城。

将 a、b、c 各项予以分类（从而使各种公认类型的转化成为可能），旨在回应城市规划最重要的问题，因为这将涉及三个部分的土地区划，确定其范围，这样才能提出并解决下述问题：

1. 城市，作为商业和居住的中心；

2. 工业城与花园新城（交通问题）；

3. 花园新城与工人的日常交通。

辨别出一个紧凑、快速、敏捷、集中的机制：城市（妥善组织的中

---

1. 建议纷至沓来，倾巢而出！如何控制呢？它们的作者就像它们的观众一样具有"他们的个人情绪"。他们沉迷于这些建议。如果那是严重的错误呢？如何将理智和过于诗意的梦想都考虑进去呢？欣喜若狂的新闻媒体热情地一概接受了这些想法和"胡扯"。因此强硬派在两年以来加紧脚步，即将宣布："未来之城市，必须兴建于新的国土之中。"当然不是这样，必须试试看这些古老的城市；研究工作能够进一步给予确定。一位著名人士对我们透露了一位伟大的理性建筑师的建议，他曾经提出一个危险的建议：在巴黎的周围兴建一个摩天大楼环带！多么站不住脚的诗情想法：摩天大楼必须建于市中心而非郊区。

心）。另一个则是流畅、广阔、富有弹性的机制：花园新城（外围地区）。

在这两种机制中，应注意到立法确定保护区与拓展区，如允许拓展的保护区、森林和草原区、航空预备区等存在的绝对必要性。

密度

一个城市的人口密度愈高，其行程就愈短。结论是：提高城市中心和商业中心的密度。

肺

现代化的工作变得越来越紧张，总是更危险地刺激着我们的神经系统。现代工作需要的是清静，以及没有污染而有益健康的空气。

为了提高密度，目前的城市牺牲掉了城市之肺与植被。

新的城市应该在提高其密度的同时，也大量地增加植被的面积。

增加植被的面积并减少行程的距离。必须兴建向垂直方向发展的城市中心。

城市中的住房不能再建造在那些充斥着混乱、弥漫着尘埃的"甬道"之旁以及阴暗的中庭之中。

城市中的住房应当建成没有中庭、远离道路、窗户面向广阔的公园：锯齿状住宅社区和封闭式住宅社区。

道路

目前的道路是一种古老的"牛皮地板"（plancher des vaches）式的铺设，下面挖出了几条地铁。

现代化的道路应当是一种新的机制，是那种长条形工厂，通风良好且充满复杂精细装置（管道系统）的集散地。将城市的管道系统埋在地下是完全违反经济、安全与理性的做法。管道系统应当随处都能进入。这座长条形工厂的各层都有各种特别的用途。将要实现的这座工厂，就像我们习惯于在两侧兴建的房屋，以及横跨山谷或溪流之上的桥梁一样。

现代化的道路必须是土木工程师的杰作而不再只是一种挖土工程而已。

我们不能再允许甬道式道路的存在，因为它们腐蚀了位于其上的住宅并导致了封闭式天井的存在。

交 通

交通的分类——优先于其他任何事情。

目前的交通并无分类——就像一颗丢在甬道中人群里的炸弹。行人全给炸死掉了。而且因为它的缘故，交通不能再运行。行人的牺牲毫无意义。

对交通进行分类：

a）载重卡车；

b）低速汽车（向各个方向短途行使）；

c）高速汽车（横越大半个城市）。

需要三种类型的道路，分层布置：

a）地下层[1]，载重卡车。该层由房屋架空柱所构成，其间形成宽大的开阔空间，载重卡车在此装卸货物，偶然构成了房屋的码头。

b）建筑物的一楼平面，与普通道路形成复杂而精巧的运输系统，引导各方向的交通至其目的地。

c）横贯东西、纵贯南北的两条城市轴线，置快速单向车道，建于40～60米宽的混凝土高架桥上，每隔800～1200米有坡道相连至普通道路平面上。我们能够在其中的任一坡道处进入快速干道并驶过城市、抵达郊区，以最快的速度，且不需要忍受任何十字路口的阻扰。

现状道路的数量必须减少三分之二。道路十字路口的数量也紧随道路的数量而变化；目前道路数量的情况十分糟糕。道路十字路口是交通的敌人。现状道路的数量源自于久远以前的历史。由于对土地产权的保护，几乎毫无例外地仅仅保持了早期甬道的格局并升格为城市道路，甚至林荫大道有时也是如此（见第1章《驴行之道与人行之道》）。像这样的道路每隔50米、20米甚至10米便要相交！然而这正是荒谬的交通拥堵的导火索啊！

---

1. 我所说的在地下层，更准确而言是在我们所谓的地下室的平面高度，因为如果我们在某些区域建造架空城市的话［《走向新建筑》（Vers une Architecture），克雷出版社，第4章］，此时的地下层将不再是埋于地底下。也可参见第12章，《蜂窝式密闭住宅社区》。

　　两个地铁站或公交车站的间距提供了道路十字路口间距的有效模距，而模距本身则受到行车速度与行人可接受步行距离的限制。通常400米的均值提供了城市距离的基本标准和道路的一般间距。我的城市正是依照道路间距400米、偶尔再进一步细分为200米的规则所做的区划。

　　这种由三部分重叠起来所组成的道路系统，可以适应各种高速与低速行驶的汽车交通运输（卡车、出租汽车或私人轿车、公共汽车）。只有当必须连接多个列车以提供极大的运输量时，才有铁路运输工具继续存在的必要：如地下铁路或郊区列车。电车不应该再出现在现代城市的市中心。

　　间隔400米的地块大约有16公顷用地，根据商业区或住宅区的不同，人口分别为50000人或6000人。很自然地，可以保持巴黎地铁的平均站距，在所划分出的每块地块的中心位置各设一个地铁站。

　　在城市的两条轴线上，快速干道的下面一层为穿过式地铁，连通花园新城所在市郊的4个端点，从而构成地下铁路网的汇集管道（见下一章）。两条庞大的快速干道的下面还包含有：地下二层的单向交通（环形）的郊区直达火车；地下三层的服务外省的四条主要铁路线，尽端式的铁路线，或是与环形交通系统相连接的铁路线。

车 站

　　只有一座车站。车站只能位于市中心。这是它唯一的所在地；没有任何理由将其分配至他处。车站就像轮轴一样。

　　车站应该特别地建于地下。其在城市地面以上的两层楼的屋顶可建造为出租飞机使用的机场。出租飞机机场（与保护区内的主要机场相联系）[1]必须与地铁、郊区铁路、外省铁路、"快速干道"以及交通运输管理部门等密切联系（见下一章的"车站规划"）。

城 市 规 划

　　基本原则：

　　1. 减少市中心的拥堵；

　　2. 提高其密度；

　　3. 增加交通运输的方式；

---

1. 1923年秋季沙龙之后8个月，强硬派发表声明："英国式的构想：车站屋顶机场"。

4. 增加植被面积。

市中心设置配有出租飞机降落平台的车站。

东西方向、南北方向，快速干道（40 米宽的高架桥）。

在摩天大楼的底下与周围，2400 米 × 1500 米（360 万平方米）的广场上建设花园、公园及梅花形栽植的林荫植被。公园里、摩天大楼底部与四周，配建有餐厅、咖啡馆、精品店、两三层的阶梯形建筑；剧院、礼堂等；露天停车场或室内车库。

摩天大楼容纳了商业。

左边：雄伟的公共建筑，博物馆、市政府等公共设施。更远处的左侧是英式花园（英式花园是为了未来市中心必要的扩建而预备的）。

右边：联系其中一条"快速干道"，设置货车站之月台和工业区。

城市四周都是保护区，遍植森林或草地。

更外围的区域内，花园新城则形成一大片环城带。

因此，在最中央的地带是：中央车站。

a）平台层：20 万平方米的机场。

b）夹层：快速干道（高架的汽车高速跑道，只有唯一一个回转交叉口）。

c）一层：地铁、郊区铁路、快速干道及航空飞行的大厅和售票处。

d）地下一层：服务城市和主要干道的地铁网。

e）地下二层：郊区铁路（环形单向）。

f）地下三层：外省铁路线（4 条线路）。

城市

24 栋摩天大楼，每栋可容纳 1 万 ~ 5 万名员工：商业活动、旅馆服务等，共计 40 万 ~ 60 万居民。

城市住宅，"锯齿状"或"密闭式"的住宅社区，60 万居民。

花园新城，200 万居民或更多。

中央广场内：咖啡馆、餐厅、精品店、各种娱乐场所、退台广场，配有大花园以及具有强烈秩序感的景观。

密度

a）摩天大楼：每公顷 3000 个居民。

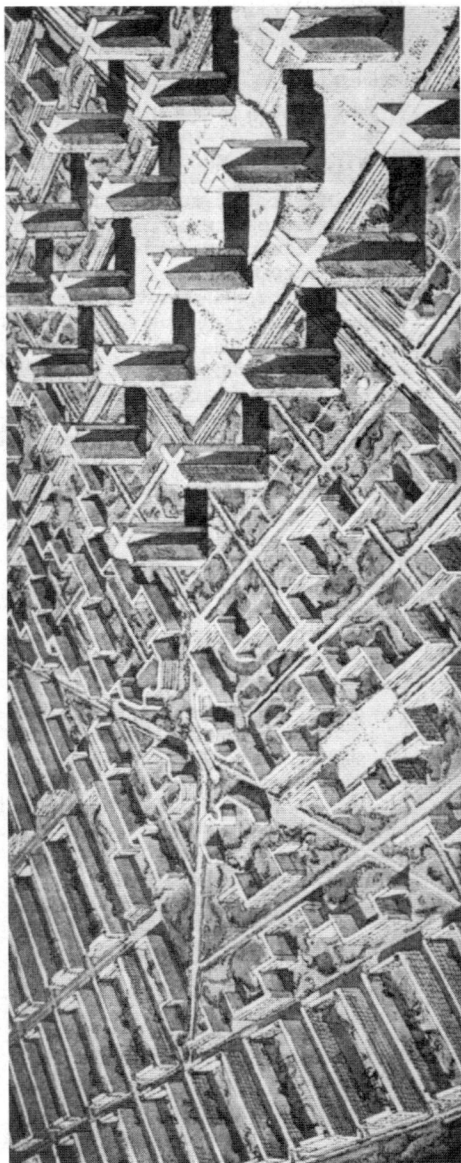

相同比例和相同视角下，纽约市和"现代城市"的鸟瞰图。对比十分强烈

b）锯齿状住宅社区：每公顷 300 个居民。豪华住宅。

c）密闭式住宅社区：每公顷 305 个居民。

此种密度缩减了距离并确保了便捷的通信联系。

请注意——巴黎市每公顷用地的平均密度是 364 人，伦敦是：158 人；巴黎市的人口稠密地区为：533 人，伦敦则为：422 人。

绿化面积

地区 a）有 95% 的绿化面积（广场、餐厅、剧院）；

地区 b）有 85% 的绿化面积（花园、运动场）；

地区 c）有 48% 的绿化面积（花园、运动场）。

教育文化中心、大学、美术馆、工业和艺术博物馆、公共服务设施、市政府

英式花园（英式花园的用地供未来城市扩展使用）。

运动场——赛车场、赛马场、自行车赛车场、田径场、游泳池与马戏场。

配有飞机场的保护区（城市所有）

整个区域禁止任何建设，可供未来城市扩展使用，而且必须依据市政府的统一规划；安排森林、草地、运动场。根据市政当局紧要工作之先后顺序，通过对郊区小块地产的不断征购从而建立"保护区"。通过这种方法以获得土地资产的增值效益。

工业区[1]

街区

商业：不含内部中庭的 60 层摩天大楼（见下一章）。

住宅：不含内部中庭的 6 层双面"锯齿状住宅社区"；公寓住宅彼

---

1. 这里提出工业区新的建设方法。工业区通常处于混乱、污浊且充满意外的状况。一种令人难以忍受的反常状况。在秩序的基础上建立起来的工业区必须以充满秩序的方式予以发展。工业区中的其中一部分用地可采用各种不同的标准化预制单元的方式进行建设。50% 的用地留给特殊装置和设备的建设。一旦工厂大量发展起来，必须将其迁移至更广阔的新区域发展。将标准化精神引入工厂的建筑，将获得良好的机动性，从而消除掉令人不悦的狭隘和局促，等等。

此均面向大公园。

住宅：具有悬挑式花园的 5 层双面 "锯齿状住宅社区"，面向大公园，无内部中庭，配建公共设施（新型的承租房屋）。

花园新城

美学、经济学、完美性、现代精神

一句话就能够概括未来的需要：必须在开敞的空间内建设。规划方案必须以一种纯粹几何学的方式进行，包含许多精细的安排。

现状的城市因为其非几何性而濒临垂死的边缘。在开敞的空间内建设是希望通过统一的规划来取代目前的紊乱局面。除此之外没有其他办法。

几何学规划的结果，标准化生产。

标准化生产的结果：规范、完美性（类型的建立）。几何学的规划意味着将几何学运用于建筑工程之中。优秀的人类作品中没有不应用到几何学的。几何学就是建筑学的精髓。为了将标准化引入城市建设之中，首先必须要工业化的建筑施工。建筑施工至今仍是唯一一项躲避着工业化的经济活动。建筑施工因此而脱离了进步。所以它依然造价昂贵。

建筑师在专业上已误入歧途。他开始喜爱怪异的地形，企图从中寻找获得原创性解决办法的奥秘。建筑师已步入歧途。我们今后就只能为富人而建或者以亏损的方式（如以市政当局的预算）而建，或者是，不顾一切地粗制滥造，不考虑居民必须的舒适性。一辆批量生产的汽车是舒适、精准、均衡及高品位之杰作。一栋定做的房屋（在怪异的地形上）是一件不合时宜的杰作——一个怪物。

如果建筑施工能够实现工业化，我们便可以组成像机械工程师团队那般敏锐机智的工匠团队。

机械工程师起源于 20 年前，在工匠领域中属于最高阶层。

泥瓦匠……历来始终都有吧！他用双脚和榔头敲敲打打。他破坏掉周围的一切；交给他的工具设备在几个月内就消耗殆尽。必须革新泥瓦匠的精神，使其以一种严密而精准的工业化建筑施工方式而工作。

建筑成本也可由 10 降至 2。

建筑施工的人工劳酬，根据泰勒理论：应依照每人所提供的服务应得的奖赏而加以区分。

怪异的地形耗尽建筑师的所有创作才能并使他们精疲力竭。以此种方式而产生的作品也是怪异的——根据其特征而言——是个瘸腿的早产儿，特别的解决办法只能取悦那种特别的人。

必须在开敞的空间内建设：城里，城外。

以绝对经济的方式完成了各个必须的（技术）阶段，即能感受到那种基于几何学的创造性艺术之强烈喜悦。

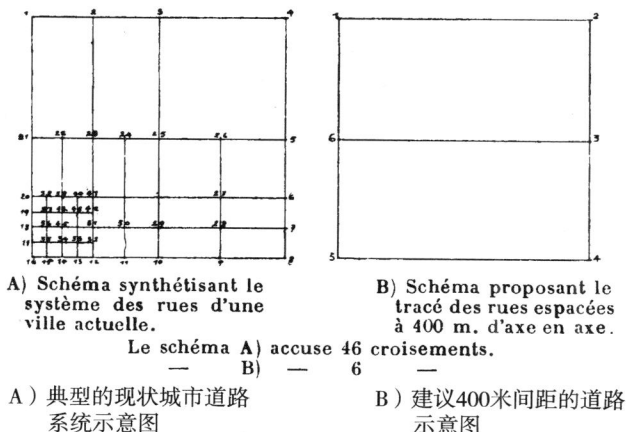

A) Schéma synthétisant le système des rues d'une ville actuelle.

B) Schéma proposant le tracé des rues espacées à 400 m. d'axe en axe.

Le schéma A) accuse 46 croisements.
　　　— 　B) 　— 　6

A）典型的现状城市道路系统示意图

B）建议400米间距的道路示意图

图 A 有 46 个交叉口
图 B 只有 6 个交叉口

城市美学

（此处所设计之城市为纯粹几何学推论之结果。）

新的大模距（400 米）给一切都带来了活力。划分为 400 米或 200 米的道路方格网整齐划一（便于居民辨识方位），但彼此之外貌并不相同。在这里，在一片华丽的交响乐中，几何学的威力正在奏效。

我们从英式花园而进入城市。汽车沿着高架的城市干道高速行驶：雄伟的摩天大楼之间的通道。我们逐渐接近：24 栋摩天大楼的标准化空间；左右两侧的深处是公共服务设施；其周围则是博物馆和大学的建筑。

　　我们很快地就来到了第一座摩天大楼的跟前。大楼之间不是像纽约那种令人焦虑的狭缝，取而代之的是宽敞的空间。公园向四方延伸。露台层层排列于草坪与绿树成荫之处。低矮的建筑物引导着人们的视线至远处起伏的树林。那些微小的检察官楼哪去了呢？就在这个充满宁静和洁净空气、聚满人群的城市之中，一切的嘈杂喧哗均被埋藏于绿树成荫之下。混乱的纽约被征服了。展现于眼前的，沐浴于日光之中的，正是现代城市。

　　汽车降低了 100 公里的时速而下了高架桥；它缓缓地驶入了住宅社区。锯齿的形状将建筑的透视拉向远方。花园、游乐场、运动场。到处可见晴朗的天空，无限开阔。空中花园镶边的绿色，将露台的屋顶水平线剪切成简洁的形状。细节的一致性强调出了一片大体量的实体轮廓线。通过远距离蓝色的柔和化，摩天大楼立起巨大的几何形体玻璃幕墙。被玻璃包裹着的立面上，映射出蔚蓝的天空。真是令人着迷啊。立面硕大无比，但却光彩夺目。

　　四周的景色各不相同；400 米的方格，但它被建筑的处理手法巧妙地改变着！（锯齿则是 600 米×400 米的模距）

　　搭乘飞机从君士坦丁堡，或许从北京出发，来到这里的旅客，在河流和森林的混乱轮廓之中会突然看到，此处呈现出一片人类光辉城市建设的显著标志：人类智慧的显著标志。

　　黄昏降临之时，摩天大楼的玻璃中开始闪闪发光。

　　这并不是充满危险的未来主义，不是猛烈地投向观众的文学炸弹。这是利用建筑学的造型资源来组织光线所创造的景致。

城市，一旦驾驭了速度，就驾驭了成功。

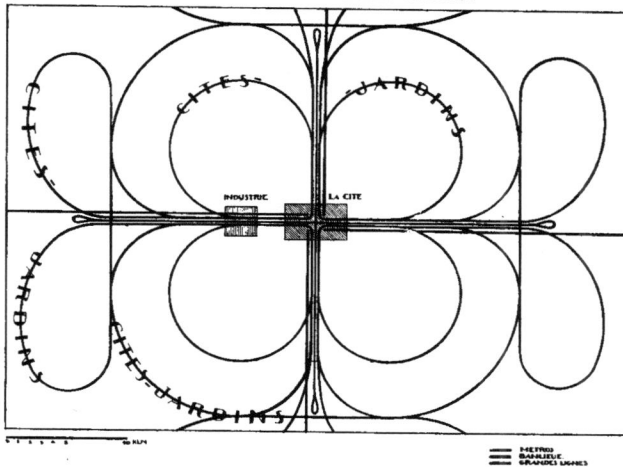

郊区和外省的铁路网
RÉSEAU FERRÉ SUBURBAIN et GRANDES LÍGNES.

市内铁路，快速干道下面的地铁，郊区单向铁路线，外省铁路线

第 12 章　工作时间

下述内容并非凭空捏造，而只是又一次连续的逻辑推理之结果，并且规避了一些特殊情况的干扰。单纯逻辑推理的结果，我们找到了解决特殊情况的确定性规则。

*
* *

早晨 9 点钟。

从车站的 4 个 250 米宽的出口处，涌出了乘坐郊区铁路的市民。乘客不时地接踵而至（单方向）。（柏林市的"动物园"车站是多条线路所共有的交会点，此种精密之杰作已运作数年之久。）车站广场极为广阔，每人均能毫不拥堵地走向自己的工作场所。

地面以下，地铁汇集了各个方向的郊区旅客，并有规律地将其分散至每座摩天大楼的地下室。这些地方逐渐地就挤满了人。每一座摩天大

楼都是一个地铁站。

　　摩天大楼是垂直发展的城市社区：每天有 1 万至 5 万名员工聚集于此，每人拥有至少 10 平方米的办公室面积。我们的摩天大楼设计雏形源自美国；然而，从其平面规划图（本页及下页）中可以辨别出二者的差异，大胆地予以实现但却自相矛盾的纽约（纽约的摩天大楼阻塞了曼

GARE CENTRALE. 中央车站

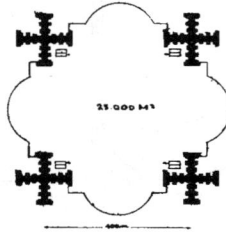

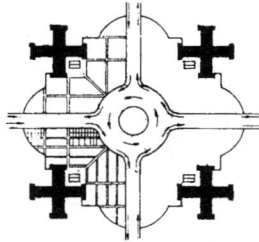

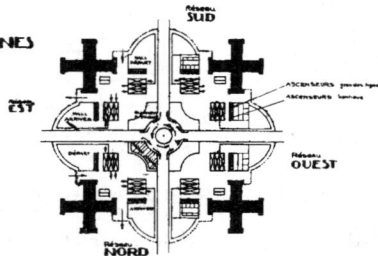

　　a）屋顶平台。出租飞机站，25 万平方米；

　　b）二楼。快速干道的大型交叉口；

　　c）一楼。铁路线的入口、大厅、售票柜台；

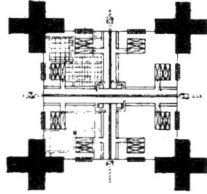

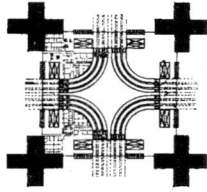

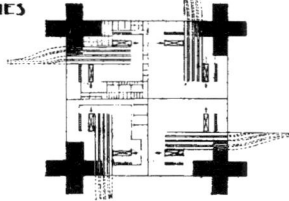

d）地下一层。地铁（主要干道）；

e）地下二层。郊区铁路；

f）地下三层。外省铁路线（见稍后的巴黎"瓦赞规划"，连续
的系统，不再是一端不通）。

入口大厅可通达各个铁路系统，对面是出口。既不冲突亦不混
淆：单行道广阔的空间可供各个铁路系统的技术部门使用。车站
旁的4座摩天大楼则容纳了铁路系统的行政部门

哈顿的交通）和统筹了必要元素间相互关系的完整构思的精准理性概
念：在纽约，2万人突然间涌入一条局促狭隘的街道而引起严重的混
乱；他们所有的快速交通运输瘫痪了；构想失去了它本身的意义。由于
可怕的平衡失调，本来用以疏解拥堵的装置却变成了最为专横的交通运
输扰乱者：摩天大楼阻塞了交通。人们因而高声反对，责怪摩天大楼，
抵制垂直发展的城市，且根据交通运输的需求而不断扩张城市：新的矛
盾出现。因此纽约（曼哈顿）的发展可以说是荒谬的，它的构想（完

纽约：一片拥堵

全扭曲了）遭受了激烈的攻击。结果是：纽约的摩天大楼是行不通的，因为纽约疯狂地增加密度而未保留必要的道路网。纽约是失常的，但摩天大楼依然是一种高贵的手段。提高人口密度和疏解道路交通就如同一块硬币的正反面；二者缺一不可。

顷刻之间城市就被填满了。开始工作起来，通过改善工具设备以促进其运转效率；忙碌于明亮甚至容光焕发的环境之中，办公室中数不尽的窗户面向晴空开敞，高挑的视线，远离了尘嚣，纯净的空气。路斯（Loos）曾对我说过："一个有教养的人是不会从窗户向外眺望的，他的窗户是毛玻璃的；其目的只是采光，并非供人向外眺望。"在目前令人难以忍受的拥挤城市之紊乱景象下，这样的感受是可以理解的；面对一种极端异常的景致时，人们会荒唐地接受此种观点。然而，倘若我攀登埃菲尔铁塔的平台，升高之时我将获得喜悦的感觉；顷刻之间变得令人愉悦——同时也十分庄严；渐渐地，地平线升高，人的思绪似乎获得一个更广阔、更广泛的投射轨迹；同样地，在形体上好像一切都扩大了，好像肺部更加充分地舒展开来，眼睛获得了辽阔的视野，精神被激发起充沛的活力；一片欢愉在内心洋溢。面对少量的现实麻烦，辽阔的水平

纽约：一片拥堵

一个美国工厂的 6000 名职员和工人；背景处是工厂的建筑物

从埃菲尔铁塔看到的景色

视野能够深深地改变我们。想想看，直到今天为止，我们的水平视野只能够十分接近于地球的表面；过去我们从来未曾体验过如此惊心动魄的垂直上升；唯有登山运动员有过如此令人陶醉的感受。

从埃菲尔铁塔的 100 米、200 米和 300 米高的平台上，水平视野得以眺望无际，我们为之震撼，深为所动。

在这些办公室里，我们产生一股犹如置身于瞭望台并主宰着世界的感觉。事实上，这些摩天大楼里容纳了城市的智囊甚至是全世界的智囊。它们支配着所有活动的详细安排和组织管理工作。所有的一切活动均聚集于此：仪器设备消除了时间与空间的藩篱，电话、电报、收音机；银行、商业交易、工厂决策机构：财务、科技、贸易。车站位于其中，地铁位于其下，两条快速干道横贯它的眼前。四周幅员辽阔。汽车可能为数众多；停车场通过地下通道相连接，有效地汇集了每天扎营于此且快速往来的各色人等。飞机降落于城市中心，车站的上方；然而它们也有可能会降落于摩天大楼高耸的平顶式屋面上，并分秒必争地快速

从埃菲尔铁塔高处所看到的景色

冲向外省或其他国家。[1] 东西南北四个方向的外省铁路线均抵达市中心。

理想之城市！商业城市之典范！仅仅是狂热地追求速度的病态幻想？速度难道不是梦想以及突如其来的需要吗？[2] 我们就直接说吧：城市，一旦驾驭了速度，就驾驭了成功——时间的真理。这就是田园时代所遗憾的！工作全神贯注并加快其节奏。事实上，问题的关键往往在于每天要进行的一些将要决定市场行情和工作条件的意见交流。意见交流的机械工具越快，日常交易完成就越快。我们在摩天大楼里的工作时间，会因为摩天大楼的缘故而将大为减少。

---

1. 目前，公园里所预想的机场为一座联系保护区具有降落跑道的机场的出租飞机站。降落方式仍不够完善到足以允许大型国际班机直接到达中央车站。

降落至建筑物平顶式屋面的问题也仍然悬而未决：我们不知道是否、何时以及如何我们才能够拥有私人飞机。

2. "事实上，征服速度一直都是人类的梦想，而这个梦想一直到近百年来才得以实现。过去，这个征服速度的阶段在几个世纪的时间里都进展缓慢。在远古时期，人类只知道利用自身的力量来运输自己，而所有的进步都体现在竭力地利用动物的移动速度。

人类事实上是万物之中速度最慢的动物之一。就像一个软弱无力的人在地球上吃力地步履蹒跚。大部分的动物都比这个不善于奔跑的两足动物更为'迅速'，而在一个结集地球上所有动物的竞赛当中，人类可能是最后的倒数几名，且充其量和绵羊是同一等级。"〔《速度的支配》（le Règne de la vitesse），标致企业总裁菲利普·吉拉尔代（Philippe Girardet），《法兰西信使杂志》（Mercure de France），1923 年〕

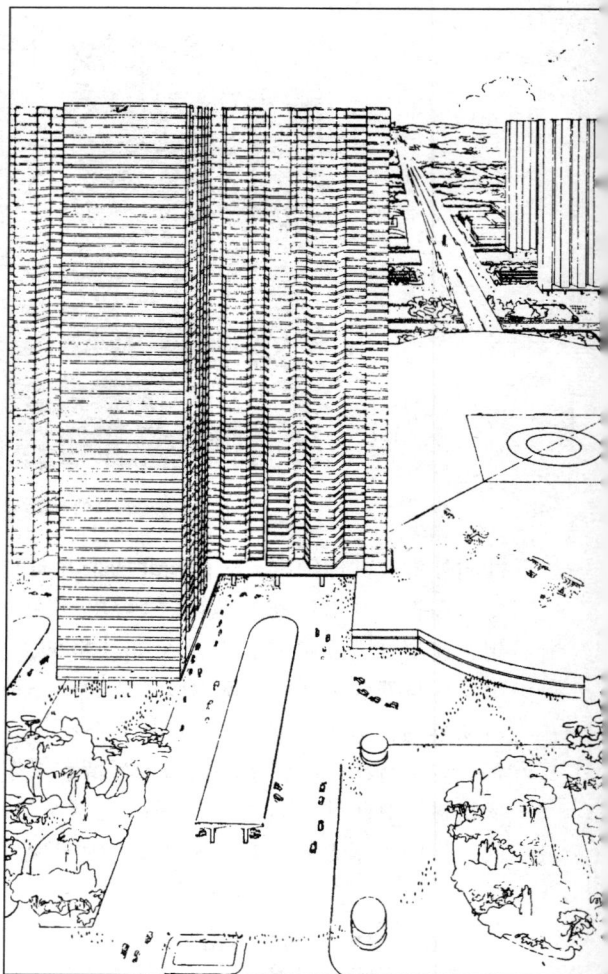

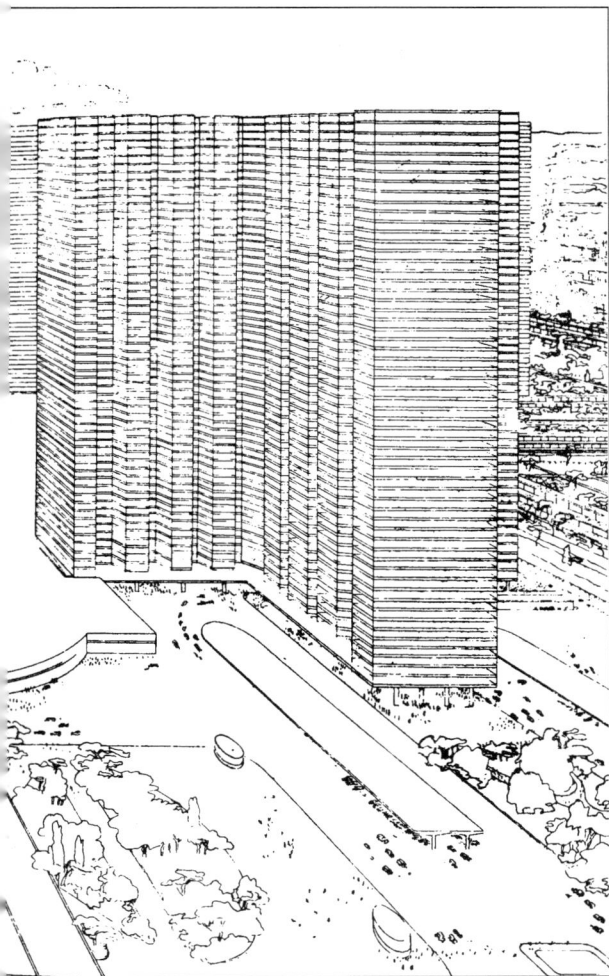

中央车站景观,四角为 4 座摩天大楼。快速汽车干道从机场下方通过。看得见摩天大楼不受拘束的地面层及其架空柱。看得见停车棚。最右方青葱翠绿当中是咖啡馆、商店等

其中一栋摩天大楼的地面层平面。空间完全不受拘束，尽管如此仍布满许多由上
至下长 220 米、支撑着 60 块楼板的钢柱。唯有电梯和楼梯的大厅是封闭的。在摩天大
楼侧面的一些区域中安置汽车停车棚。交通方式为回转式

而中午过后没多久，工作就会全部完成，整座城市将变得空无一
人，就像被它的地下室深呼吸给吸进去了一样。花园新城的生活将发挥
其价值。另一方面，城市里的住宅区也为这些机械化时代的新人类提供
了新的居住生活环境。

［别忘了我们的祖父母是乘着马车溜达的。康斯坦丁·居伊（Con-
stantin Guys）］

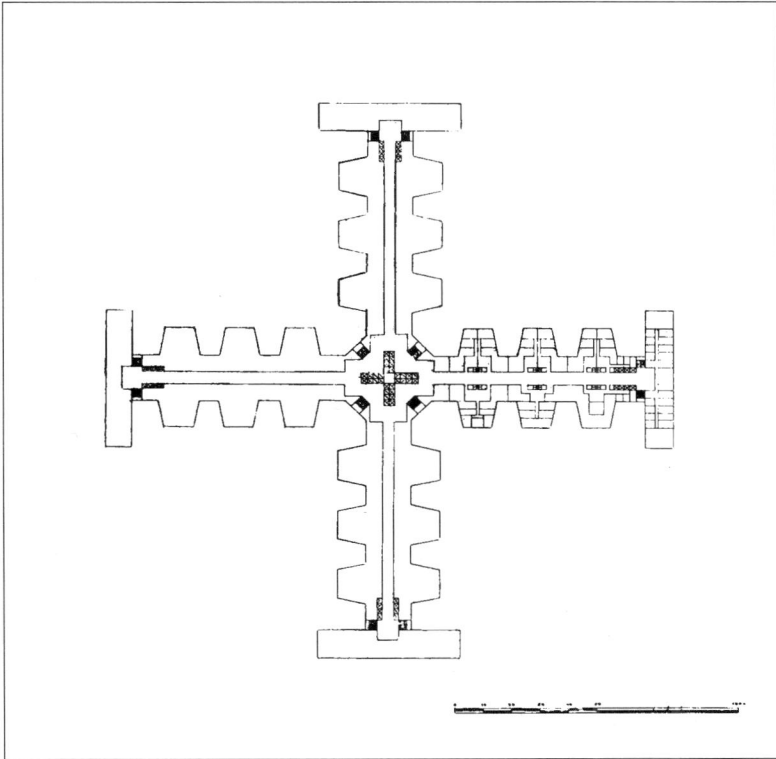

　　摩天大楼的某层平面图。十字交叉，中庭被删除但提供了最大的稳定性；锯齿状立面，名副其实的日光采集装置。5 组电梯和楼梯。右侧显示了一种办公室的隔间类型。一侧 150 米高的摩天大楼能容纳 3 万名员工（因为每名员工需要 10 平方米）；175 米高的摩天大楼的容量则为 4 万名员工

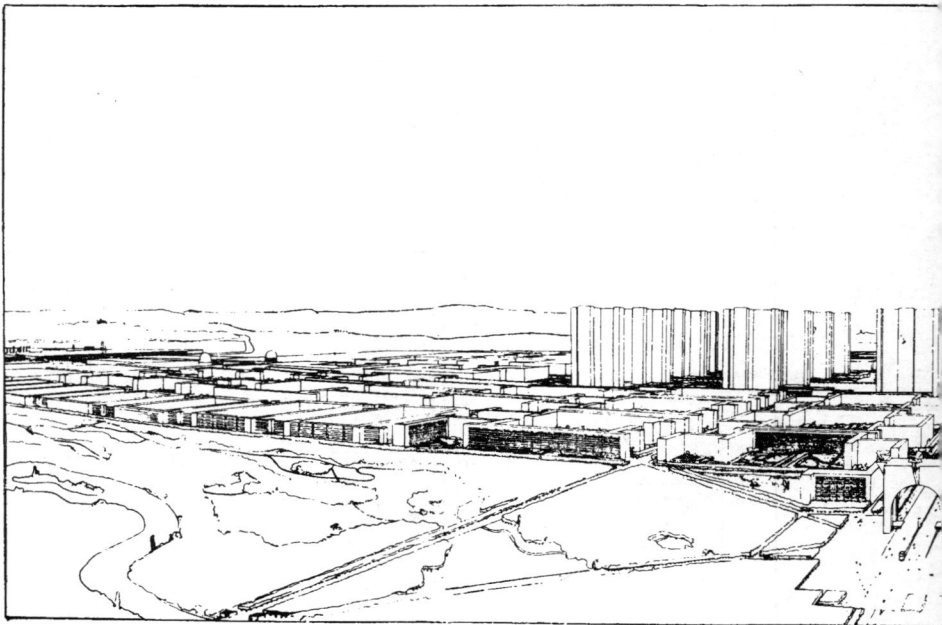

*
* *

注：我讨厌像一个小先知一样，永无休止地描述这片作为未来的庇护所
的乐土。我相信我已经变成了一个未来主义者，我并不喜欢如此；我仿佛正
在脱离现实的状况，开始不由自主地胡言乱语。

相反地，在撰写并在图板上描绘这个即将要到来的世界，是一件多么令
人兴奋的事情啊，因为文字并非言之无物，而事实才是最重要的！

然而这涉及准确的创造、基本的系统和可行的机制。所有的问题全都同
时出现：提出问题、整理、组合，坚持并考虑到一些最终将激起民心，并引
发我们行动的必要性慷慨陈词。

此图板上所艰苦谋求的解决办法，并非只是一件缺乏合理性与可行性的
作品。这是考虑到时代信仰之举动。在我的内心深处，我深信它。关于未
来，我对它的信赖远远超过了提出规则的图解性纲要；即使在特殊情况下的
困境之中，我仍对它充满信心。为了解决一些特殊情况下的问题，脑海中即
使有任何更加明确和绝对的概念也不为过。

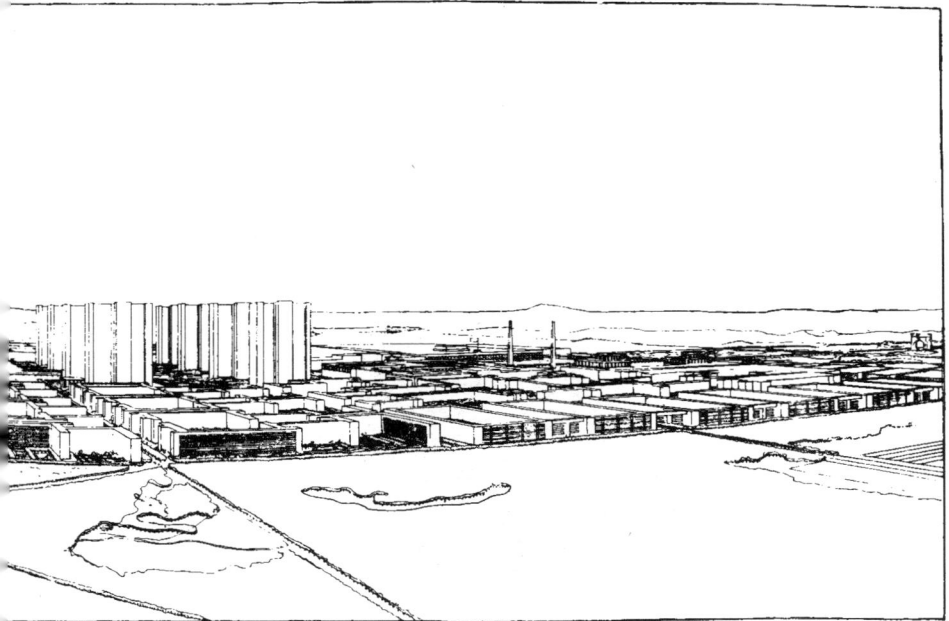

城市。环绕着保护区(草地、森林)的城市透视图

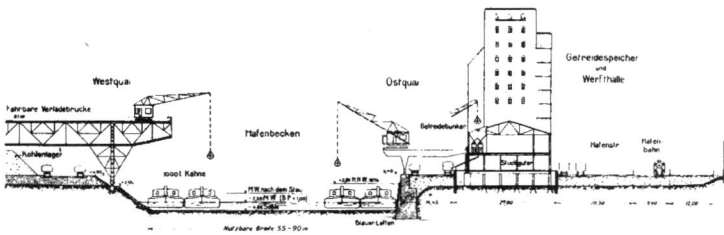

该图说明了有益的操作需要借助于理性的方法才能得以完成

一栋建筑物⋯⋯四周都是玻璃幕墙

1925 年 5 月 9 日，香榭丽舍大道上，沿街栗子树的叶子一半都枯萎了；花蕾不能开花；长出的少量花瓣紧紧地蜷缩着，犹如一只枯萎的手掌。

．．

　　通常认为在大城市里生活的第三代从此将没有生育能力。

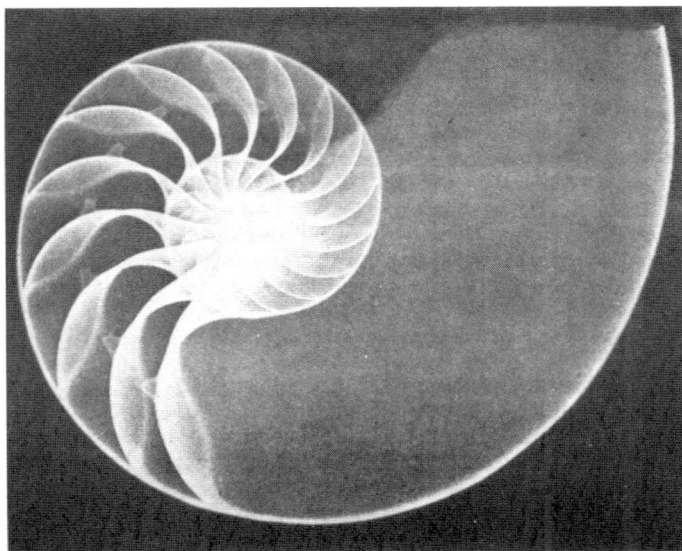

这可能就是世间最完美协调的影像之一。摄影作品《逆转》

第 13 章 休息时间

"工作 8 小时"。

甚至也许每天只需 "6 小时"。

悲观而焦虑的人们心里会想：灾难就在我们面前。有那么多的自由时间，人们在这些空闲时间里能做什么呢?

必须填满它们。

显然这是一个建筑学的问题：住房问题；城市规划问题：居住区的组织，喘息的机制。休息的时间，也就是喘息的时间。

等不及建筑学与城市规划步入正轨，休闲运动活动早已进入了我们的生活之中。对抗有害的力量，需要有益健康的反击。

*＊
*

今天有幸见到水利和森林工程师福雷斯蒂尔（M. Forestier）先生，他是布洛涅森林与巴黎绿化工程的景观园林建筑师。这位经验丰富的先生致力于树木和花卉生活条件的研究，他了解它们的物质环境所需要保持的温度和湿度调节要求。他并不了解我关于城市规划的研究工作；他源自于自然现象的言论和我从理论研究的结论竟如此不谋而合。

他曾这样说："在巴黎发展计划部门[1]中，常常专注于在郊区创造花园新城式的住宅，以使人们获得健康的生活条件。这主意不错。但是，这些花园新城的居民每天必须得前往市中心工作：而市中心的情况则一切都照旧。在市中心里，城墙围绕着备受汽车废气毒害的狭窄街道。人们在街道中或房屋内都遭受毒害。这股毒害身体且漂泊不定的废气慢慢飘向周围的花园新城。人们在郊区所尝试的各种努力，都被旧有市中心残存的恶劣状况给摧毁了。"

汽车废气与焦油尘埃会对人们的器官产生可怕的影响。我们曾观察到，由于职业原因而直接暴露于这些污染物之中的人们，最终失去了生育能力；他们变成性无能；通常认为在大城市里生活的第三代从此将没有生育能力。[2]

树木正遭受着可怕的痛苦。看看吧，它们在七月的时候就已经掉光了叶子，红色的叶片完全枯干，再看看最近这几年它们的那些发育不良的树芽。[3]我意识到现行的城市正面临着致命的危险。如何避免呢？市政当局什么也做不了：必须创造出城市总面积中20%、30%、40%、50%的绿地空间。仅有梦想是毫无益处的。目前的情形已让人倍感焦虑。

在对这一判断的认识过程中，我发现一部分基本元素正是我提出研

---

1. 巴黎发展计划的常设办公室。

2. 冒险家，营造工人，战斗人员，自行消失了，一旦工作完成之后就消失了！崇高的牺牲，高度诗意的结局。唉，事实却是另外一回事：二代或三代人的精疲力竭、神经官能症，最后导致不孕症！正值荣耀之时暴毙，临终前拖病甚久，就像病患的黏液一样，蔓延了五代。

3. 今年（1925年）5月9日，在香榭丽舍大道上，沿街栗子树的叶子一半都枯萎了；花蕾不能开花；长出的少量花瓣紧紧地蜷缩着，犹如一只枯萎的手掌。5月9日！但那是在什么季节啊？5月9日居然长出秋天的树木。我们的肺一年到头都在呼吸着有毒的废气；我们自己并无觉察。然而，那些殉道的树木却对我们叫喊着：当心啊！

究问题及 1922 年以来完成"现代城市"设计的依据所在。

*
* *

8 小时的工作。

然后是 8 小时的休息。城市规划师必须对此作出回应。

城市中的每一位居民都应当有机会从事运动。运动甚至应当在其居住的地方进行。这就是花园新城的规划。[1]体育馆与运动活动一点儿关系也没有：它是一座剧场——竞技、体育竞赛；那是一种表演：人们到那里是去看其他人，看运动专家和体育表演。居住地方的运动是：人们一回到家，便脱掉帽子和外套，然后下楼开始玩耍；人们玩耍是为了放松，为了锻炼肌肉使其更加灵活，男人、女人、小孩，所有的人。搭乘电车、巴士、地铁，提着手提包来往数公里？不，不可能在这种情况之下有任何运动的可能性的。运动的场所就应当位于居住的地方。为了实现这个乌托邦式的构想，只需要往高处建设就够了。然而，巴黎市的建筑业主管部门却并不希望人们往高处兴建。他们支持一条限制建筑高度的新法令，在巴黎古城墙重建的广大区域内，所有建筑必须在 5 层而不是 6 层或 7 层以下！

正是在这种如此令人不安的矛盾情形下，城市规划师必须提出问题。

---

1. 今年（1925 年）2 月在参加斯特拉斯堡（Strasbourg）城市发展规划国际竞赛评审委员会时，我难以相信地看到对于判断力的缺乏：这是一项古代要塞的开敞空间规划竞赛。要塞离斯特拉斯堡市中心约 5～10 分钟路程。没有任何一方参赛者提出运动的原则。我以为："这些开敞空间，必定完全是作为广大的健身场所吧。"当然不是！花花绿绿的平面图上，到处都是英式花园的弯曲线条以及法式花园的棋盘式格子；到处都是为这个斯特拉斯堡规划的卢森堡公园、为阿尔萨斯保姆们（nourrices alsaciennes）兴建的广场。评审委员会并未颁发任何奖项。

法国
皇宫
Le
Palais-
Royal.

这可能就
是今后的
大城市场
所（参见
第 72 页）
Tel peut
être
dorénavant
le sol de
la grande
Ville.
(v. page 72)

杜勒丽
花园
Les
Tuileries.

Luxembourg : Palais-Royal.
卢森堡公园：皇宫

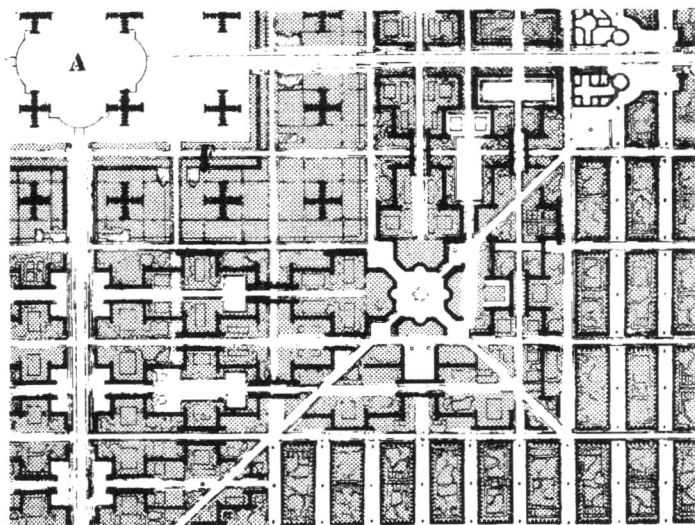

Une ville contempo-raine :
现代城市：

Les gratte-ciel.
摩天大楼

Les redents.
锯齿形住宅社区

Les lotissements fermés à alvéoles.
蜂窝式密闭住宅社区

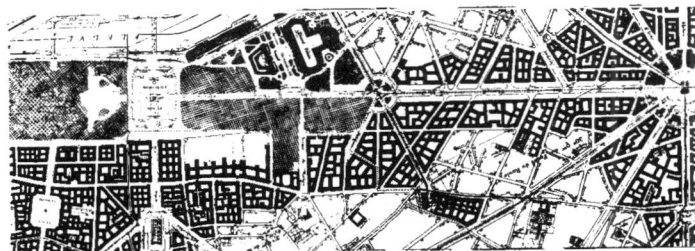

Les Champs-Élysées, les Tuileries.
香榭丽舍大道、杜勒丽花园

这三个平面：巴黎的皇宫地区、杜勒丽花园和香榭丽舍大道地区，以及中间相同比例的现代城市中的部分区域，说明了构成街道空间（锯齿形与封闭式住宅社区）以及植被面积（城市覆盖着一片青葱翠绿）所产生的根本转变。我们也可以比较道路的交叉情况及其宽度

关于花园城市

在《大城市》一章中，我们已经认识了两种类型的人口：城市居民，那些因成千上万个理由而居住在城市里的人们；郊区居民，那些唯有在远离城市之处才能好好地生活的人们。这些郊区居民，由于不同的社会地位，分别居住在别墅、工人住宅区的独栋住宅或供租住的工人住宅里。

在此，我们试图提出问题。

a）现行的解决办法，世界各国普遍采用并认为是理想的解决办法是：400 平方米（或 300、500 平方米）的小块土地拨给一户独栋住宅。独栋住宅内再配置一座迷人的花园（花丛与碎石）、一个小果园和一座菜园。房屋女主人和男主人必须进行复杂的、痛苦的、折磨人的（浪漫的、乡野情趣的，等等）维护：打扫、修剪、浇水、驱除蜗牛，等等；虽已黄昏许久，人们依旧舞动着洒水壶。身体的运动，该这么说吗？这是不正确的、不完全的，有时候甚至是危险的。小孩无法玩耍（奔跑），父母亲也不能游憩（没有运动空间）。收获只是：一篮苹果和梨子、一些胡萝卜、一些炒蛋用的香芹，等等：微不足道。

$$400_m{}^2$$

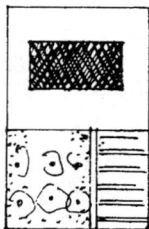

b）提倡的解决办法是：独栋住宅：各 50 平方米的两层楼，总共 100 平方米的居住面积。50 平方米迷人的花园。运动：安排了 150 平方米；蔬菜种植：安排了 150 平方米；一共用了 400 平方米。

住房和悬挑的迷人花园，大量地以锯齿状布置于重叠的 3 层高度上。阳光可以四处穿透，空气也是如此。花园铺砌着红砖，它的围墙爬

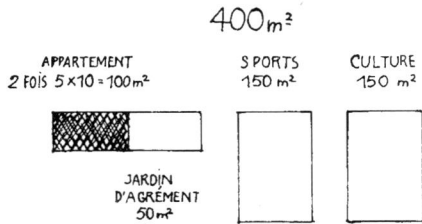

满了常春藤与铁线莲；桃叶卫矛、月桂树、侧柏则大批地种植于大量的水泥槽或盆子当中；正当时令的花朵赏心悦目：容易维护的、真正的公寓住宅式花园。摆好的桌子，不受雨水的侵扰。人们可以在开敞的空间内吃饭、聊天、休息。

花园新城"蜂窝式"住宅社区的一部分［该部分构成了波尔多（Bordeaux）的"新弗吕日社区"（Nouveaux Quartiers Frugès）的入口］

　　在住房的跟前，每位邻居供运动用的 150 平方米用地全部结合在一起。足球、网球、篮球、回转秋千、活动场、游戏草坪，等等，全部都有安排。人们回到家，脱下他的帽子，然后在居住的地方开始玩耍。

　　紧邻着，每位邻居供蔬菜种植用的 150 平方米用地也全部结合在一起。于是形成了 400 米 × 100 米（4 公顷）的用地。洒水壶的时代结束了！固定的洒水装置取而代之，整组排开，自动地浇洒着机器翻耕且按部就班地施肥的田地。一位农夫负责 100 小块土地和一块集约种植的蔬菜地。农夫的工作量十分繁重。从工厂或办公室回到家的居民,已从运动当中恢复了体力[1],于是可以自己耕种他的菜园。而他那科学化且工业化运作的菜园,整年都能给他提供丰厚的食物。食物储藏室建造于每一组蔬菜地的边上,冬天时可以贮备这些农产品。

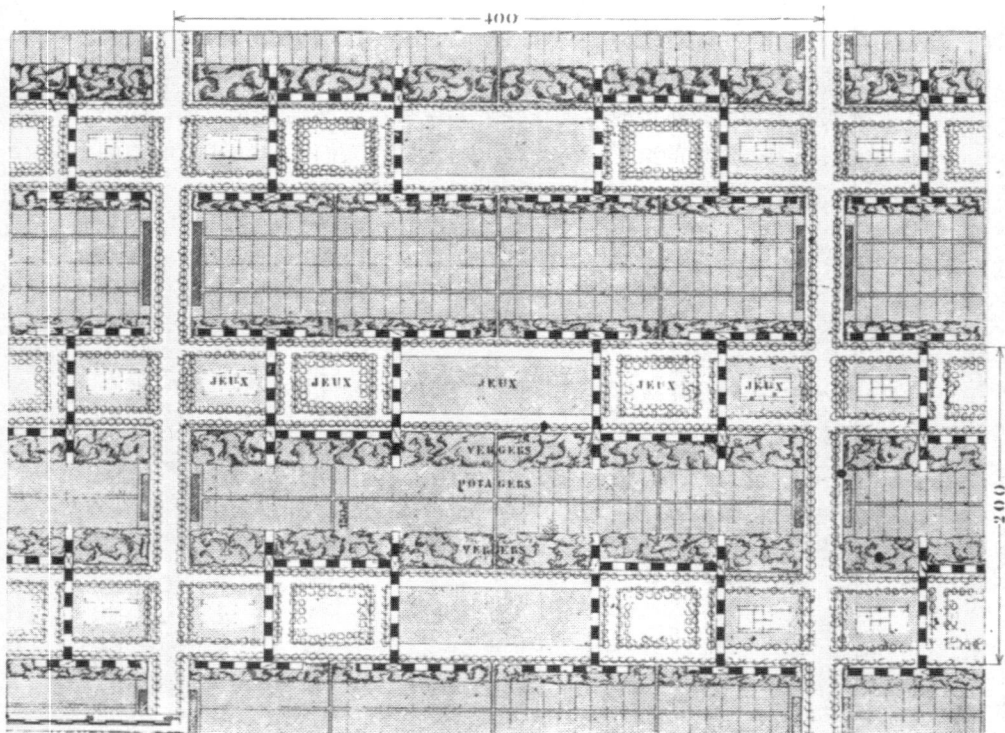

"蜂窝式"花园新城。独栋小屋(100 平方米的居住面积和 50 平方米的悬挑花园)重叠于 3 层楼高度之中。每隔 400 米就设有出入口和道路

---

1. 例如,观察家们注意到,一位速记打字员无法通过睡眠自行恢复因办公室工作所消耗的脑髓质会缓缓地步入衰竭。

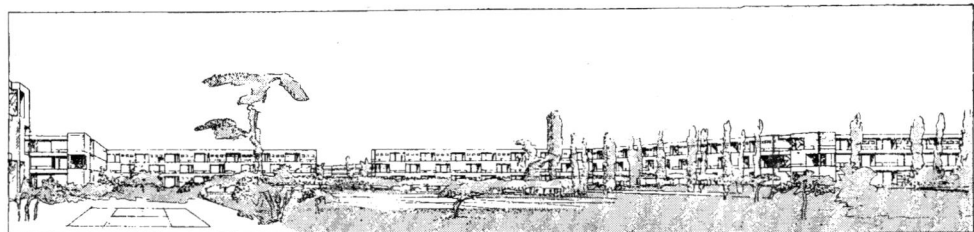

"蜂窝式"住宅社区（合理的土地运用与杰出的建筑高度）

果园区隔着住宅和蔬菜地。

既然乡下的人工农业已经消失了，有了"3 段式"的八小时和这个住宅社区的新概念之后，花园新城的工人就可以重新恢复人工方式，自己生产。

这是一个现代城市规划的例子，过去的日子、瑞士的牧人小屋或是阿尔萨斯的顶楼小屋等等，都被留在历史博物馆里了。精神，一旦从浪漫的联想中获得释放，将能够获得问题之理想解决方法。

建筑师们欣喜地看到，声名狼藉的"住宅计划"，已被一种高贵尺度的美妙建筑所取代。交通健全的可通行状态，以经济的方式遍布这些逻辑性的城市中。（逻辑性！唉：这就是他们的错了。当我们建造一座花园新城时，是为了写出一首田园诗篇：小阳台、小拱门、大屋顶、"我的屋顶"、烟囱上的观鸟；很不幸茅草屋顶是被禁止的，不过色泽斑斓的瓦片则弥补了其缺憾。）

*
* *

曲线道路、直线道路

卡米洛·西特（Camillo Sitte）早在 20、30 年前就曾说过，直线道路是乏味的，曲线道路则是完美的。直线道路是从一点到另一点间最长的路，曲线则是最直接的；他的论证以中世纪的扭曲城市为基础（偶然形成的扭曲城市，见第 1 章 "驴行之道"）[1]，既属巧辩而又似是而非。人们忘了那些都是一些范围小于一公里的城市，而这些城市的魅力并非

---

1. 创造自中古世纪某一时期的城市（中世纪的要塞城市）显然是几何学的规划。完美而令人安心的方法。很令人失望大教堂平面图与剖面图的绘图员，为了设计他们的城市，摒弃了对我们而言依旧是深受赞赏的议题的明确精神（参见第 81 页，蒙巴奇耶平面图）。

是城市规划之结果。他提出并倡导这种似是而非的主题，且风靡一时。慕尼黑、柏林以及其他很多地方都在整个城市里兴建了许多扭曲的社区。此荒谬之举经不起历史的考验。英国人与德国人后来在弯曲的道路上大量地兴建花园新城，这是在一种模棱两可的条件下完成的试验，其结果似乎令人满意。在法国，我们仍然是落后了20年的曲线道路，而这一切好像是给了景观建筑师兴高采烈地画水彩画的许多希望。在城市规划师的平面图上，曲线道路甚至几乎成了一种概括花园新城价值的象征符号。

如果说混乱情形并非像汉普斯特德（Hampstead）那样被隐藏于百年老树之后的话，大家所理解的事实就不是如此之优美了。花园新城曲线道路的问题必须严肃认真地加以重新研究。

毫无争议地，我们可以得到以下几点：

直线道路是工作的道路。

曲线道路是休憩的道路。

也应当承认：直线道路的指向性较佳（有秩序的分割）。

曲线道路完全令人迷失方向。

最后，我们可以承认：直线道路适宜于建筑。

曲线道路在有的情况下适宜于建筑。

但是，如果只有某一种方式且经常如此的话，那么，当沿街房屋很丑陋时，直线道路就显得十分沉闷，而当排列的房屋断断续续时，曲线道路也就必然会造成了令人难以忍受的混乱。二者的结果恰好相反。眼睛看不到起初在规划图上所设计的曲线，而每一个房屋的立面会因为不同的意外而显示出剧烈的变动：这样的住宅社区就好像是一个战场，或者是布满爆炸残骸的场所。

我们也有理由说，直线道路在步行时太没有乐趣了：它永无尽头，我们没有获得任何前进。相反地，曲线道路则能够因其轮廓外形的连续变化和不可预期性而令人产生愉悦之感——对此争议必须有所保留，并尝试对其作进一步的深入了解。步行于直线道路上令人厌倦。没错。但是要注意，这是一条工作的道路，地铁、电车、巴士、汽车等都能使行程加速，而加速之原因正因其为直线。[1] 如果是步行道路或是乡间休憩小径且没有任何建筑景观的话，我们同意采用曲线：这正是保姆和散步者的一种英式小花园的方式。如果没有任何建筑景观，如果人们的视野以及草地和森林所构成的景致中没有任何吸引力的话，曲线道路绝对有理由存在。我们可以清楚地理解到这是散步的道路或是穿越花园新城之小径。

最后，我们来看看曲线道路是否能够被赋予一种建筑学的特性。如果是在小径上规则地栽种树木的话，那么答案是肯定的。重复的树干就好比柱列，而枝叶则好比棚架。几何学所决定的形式呈现于眼前；我们看到了明确表达的东西：一种涡轮机的螺旋状。但是，对于沿此曲线道路来安排房屋立面的建筑师而言，却是一件很烦恼的事情：混乱实在难以避免，眼睛在立体景观里看不到起初规划平面图上的美丽螺旋。只能看到不恰当地排列的房屋立面；如果这些房屋是站在一个人的办公桌上的话，他会赶紧把它们排列整齐，以一种规则的方式聚集成群。

当道路蜿蜒曲折时，眼睛只能吃力地看到短暂的景致。为此我们在这些（行走十分舒适的）曲线道路的周围安排了正交的直线式排列。安置于空间里，它们构成了（眼睛所见）景致的一部分，而且是一幅有秩序的景致。

（这个道路理论仅适用于平坦的地形。至于高低不平的地势条件下，曲线道路则先天地较为合适，因为它涉及利用弯曲来争取规则的坡地；创造优美的景致成为了问题的关键所在，这里的建筑学问题主要是如何在考虑到所有的舒适感受和美学意图都不可或缺的永久一致性的前提下，如何处理其内在的紊乱秩序。）

如果建筑师沿着弯曲的道路建造连续的立面，他能够取得令人愉悦的效果；他能够创造出一种杰出的形式，但是，如果它重复太多，则很

---

1. 当我们驾着汽车在法国行驶时，获益良多。我们感觉到远离城市，远离令人震惊的疯狂，重新漫步于健康的土地上。大马路一望无际地直线前进；它们沉着而笔直地往来于各点之间。大部分是科尔贝（Colbert）所绘的路线。还有拿破仑。有时候一座巨大的方尖碑（obélisque）也在表明："我也曾希望如此。"我们将沿着带有直线船闸的直线运河顺流而下或者与其交叉而过。左右两边分别蜿蜒着"特别的小道"。牛道、驴道、马道，所有可以想象得到的妥协式小道。首先是捉摸不定的意愿，其次是达成协议，完成妥协。液流在树干中直线上升，枝叶任性地（只不过表面现象）寻找光明。在这个曾经是座丛林的广大国家里，我们为其强制安排了一套有益于我们积极性的人类体系。

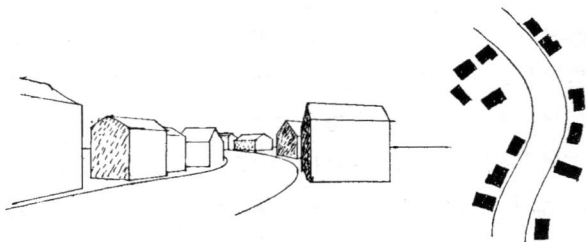

快就会令人感到疲乏。在城市中，这样一种阻碍了所有前方视线的道路形式，将使汽车交通运输系统瘫痪掉。在花园新城里，由于环境的复杂性和不便建设的缘故（非常局促和杂乱的地形），我们应尽可能力求避免大规模的连续性兴建。

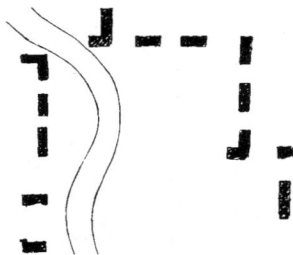

　　总而言之，曲线道路基本上是景致优美的。优美的景致是一种乐趣，然而滥用的话则很快就会令人感到厌倦。

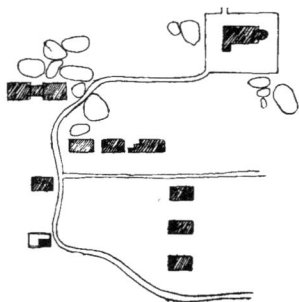

混凝土（breton）村落［普鲁马纳克（Ploumanach）］，正交排
列房屋中的曲线道路。主导风向统一地确定了所有房子的方位。
而这种一致性令人感到愉悦

* *
*

关于秩序的自由

　　我们住在公寓里。公寓是给予我们安全与舒适的各种机械和建筑
元素的集合体。谈到城市规划，我们可以把公寓视作一基本的单元。
因生活于社会之故，此基本单元被迫为聚集的形式且必须进行合作或
者彼此对立，而这些都是构成城市现象的必要元素之一。大体上，我
们能在自己的基本单元里感受到自由（而且我们还梦想着住在其他地

旧金山。理由很明显的曲线道路：汽车行驶的坡道

方的独立住宅里以确保我们的自由）；事实表明，聚集的基本单元损害了我们的自由（我们还梦想住在……）；局促的集体中的生活是被城市事件本身（不可抗拒的事件）所逼迫和约束的结果；在忍受着一种妥协式的自由的同时，我们（异想天开地）梦想着摧毁掉束缚我们的聚集现象。

在对基本单元进行理性布局的情况下，是有可能通过秩序而达到自由目的的。

由于长期以来试图确定基本单元的某些基本真理（公寓与公寓构造的改革），我在秩序的原则中，通过推论的方法，逐步建立起一套基本单元的组合方式，尝试以有益之行动与令人备受奴役之混乱相对抗。

当代的奴役是：

公共汽车的"号码"（我们在站牌下所抽取到的号码）是仰赖秩序和现代自由的完美实例：不管您是体弱的或者是残障的，不管您是菜市场的搬运工人或者是拳击手，在那一辆您已经于站牌下等候多时的公共汽车之中，您绝对有权拥有一个座位。您还记得在公共汽车"号码"介入之前自由是如何地被蹂躏和践踏的吗？那些被挤压的弱者，那些最后来的却突然插队变成第一的人们，等等。

看看现代居民的言行不一和"巴黎人"所热切追求的（言语上的、

嚼舌根的）自由，它们不过是一种诡计，是一个掩盖事实且日益衰落的固执想法罢了。[1]

最可怜的家伙是：守门人，门房，难受的环境；恶劣的瞭望窗；或者您像在自己家一样抱怨着人情世故，或者在被某个泼妇辱骂后，钻进门房寻求一丝慰藉；当"门房不在"、"门房在中庭"、"门房在楼梯间"的时候，您的访客将白费力气，到处找不到您：找不到守门人啊！

但是在您家里，"终于可以独处了！"得了吧！楼上楼下或左邻右舍的留声机声、钢琴声、尖叫声亦或是鸽子的咕咕声。您被三四户邻居所"围夹"；您成了布丁里的小石子。楼梯常常是不舒适且采光又差的通行工具。每个人都没有电梯。假若您有一两个仆人；将其糟糕地安置于屋顶之下，经常会造成一些窘境。一旦有了仆人，看看我们是否有真正的的自由！仆人的周末休息：我们必须自己伺候自己。如果您喜欢在晚上接待客人，这就没有仆人为您服务了。有时候您也许喜欢办个派对，在哪里？在您的客厅？好小的客厅啊，晚上 10 点钟的时候您的邻居得在您们的嘈杂声中入睡。因此，在自由的巴黎，您一年能有两次派对：一次在圣西尔韦斯特（Saint-Sylvestre）您的家中，另一次在 7 月 4 日的马路上。体育活动呢：场地距您家大约半小时或一小时的路程；每个月必须缴费 100 或 200 法郎：您根本没法去，太不方便了。您是否会放弃在您的卧室里做"健身操"吗？这必须要有钢铁般的意志啊，醒来已经比较晚了，鼓足勇气尝试了三次，您终于放弃了：我们根本就不做运动。

食物供应：您的布列塔尼女仆去当地的波丹（Potin）市场，得浪费

---

1. 我说"巴黎人"是因为向往蒙马特共和慈善会（République de Montmartre）的真正的巴黎人是乐观地面对一切的（他们也十分友善）；他住在潮湿老旧的石堆里，他没有浴室、盥洗台，也没有水，因为几乎不可能安置在这里；楼梯阴暗，厨房"只能想像"，也没有电；他用煤球烤火，冰着背，黑炭煤絮四处飘散着以取暖。但是他在窗户上创造了小花园；对面跟他家一样破旧的房子有着漂亮的老式锻铁窗台之类的东西。他是令人钦佩的哲学家。巴黎——充满诱惑地提供给他以无数的消遣娱乐；他很晚才回家，因此可以少忍受点舒适的缺乏。没有了舒适，巴黎人并无抱怨，他一切都往好的方面想，并觉得这样也挺不错的：他觉得自己是个自由的人；这不断地被写到报纸里，在所有的报刊里歌颂。这是一种身份。这是一种哲学：一切都好！我是自由的！塞纳河本身是自由的：它每年离开它的河床；它淹没了成千上万的英勇的人们。一切都好，我是自由的，塞纳河也是！等等。还有另一种巴黎人，住在新房子里的豪华公寓，位于林荫大道旁边，享有电梯、浴室与楼梯地毯。这些人仍然怀念古老的巴黎，那即将倒塌的墙壁和老式的锻铁。他们也一心追求着巴黎的个人自由的"美好"信仰。

好多时间，且所有的东西都很贵。啊！您的车子呢？去车库要有 10 分钟的距离；如果下雨的话您就会被淋成落汤鸡，就算您有车子又如何。小孩们被带到卢森堡公园、杜勒丽花园、蒙梭公园等地玩耍，老实说，这只是那些有保姆或有"小姐"的小孩。

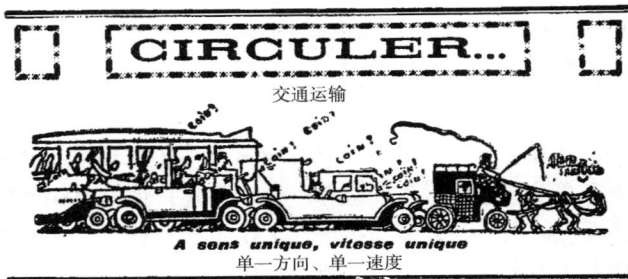

CIRCULER...

交通运输

A sens unique, vitesse unique
单一方向、单一速度

Une ordonnance préfectorale sur la circulation des poids lourds

M. Morain, préfet de police, a signé hier une ordonnance concernant la circulation des véhicules à marche lente et des voitures de charge dans certaines rues de Paris.

Voici les noms de ces rues et les conditions dans lesquelles elles devront être empruntées.

La circulation des véhicules à marche lente ou ne suivant pas l'allure générale du flot et notamment la circulation des tombereaux, des fardiers, des voitures de gros camionnage, de déménagements, de celles servant au transport de lourdes charges, des matériaux de construction et de tous véhicules conduits à l'allure du pas, ainsi que la circulation des voitures à bras, véhicules automobiles à bandages rigides dont le poids total en charge est supérieur à 4.500 kilos et des tracteurs automobiles avec remorque servant au transport des marchandises est interdite, de 15 heures à 19 heures, dans les voies désignées ci-après : rue

关于载重卡车交通运输之警察局长令

　　警察局长摩翰先生昨日签署了一份关于巴黎某些地区慢速交通工具和货车的交通运输令。

　　以下是这些道路的名称与通行条件。

　　慢速或是无法跟上一般车流速度的交通工具，特别是两轮载重车、板车、拖运大卡车、搬运车、载重卡车、施工材料运输车，以及所有以步行速度行驶的交通工具、人力车、总载重超过 4500 公斤的车辆和备有货物拖车的牵引车等，从下午 3 点至晚上 7 点，在下述几条道路禁止行驶……

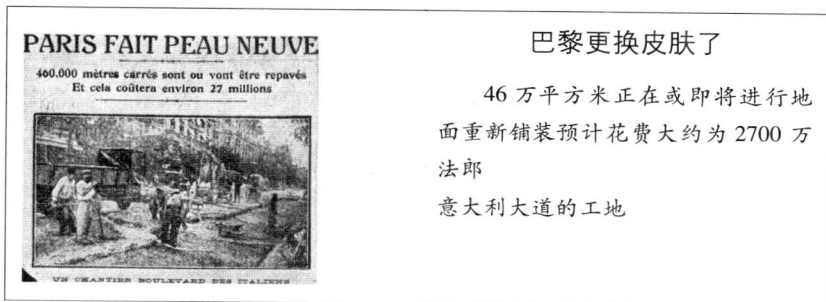

PARIS FAIT PEAU NEUVE

400.000 mètres carrés sont ou vont être repavés
Et cela coûtera environ 27 millions

UN CHANTIER BOULEVARD DES ITALIENS

巴黎更换皮肤了

46 万平方米正在或即将进行地面重新铺装预计花费大约为 2700 万法郎

意大利大道的工地

让我们逐步消除这些烦恼如何？此外，让我们带来充满乐趣的革新与改善如何？让我们减少您的开支如何？让我们解除掉您几乎所有的家庭忧虑如何？通过秩序的运用，我们能确保您几乎所有的家庭自由：通过秩序，您就有自由，怎么样？将当代奴役消灭于襁褓之中如何？

让我们仔细分析一户家庭（一个基本单元）以及有关联的家庭所结合成的一群基本单元之所需，然后评估能够形成像旅馆或市镇般可有效管理的居民点——一个在城市事件中自动地变成一个具有明确定义的有机元素，且满足最低限需求并提出问题的功能共同体，其所需之基本单元数量为何？提出问题并经过研究之后，我们得到能够妥善回应的假设：1）自由；2）舒适；3）美观；4）构造经济；5）运转经济；6）身体健康；7）必要构件的和谐运作；8）城市系统的高效共享（交通运输、呼吸作用、治安等等）。

以下是蜂窝式密闭住宅社区或称"大楼－别墅"的概念。[1]

场地尺寸：400 米×200 米（适合于道路交叉的最佳尺寸）。立面背向道路；正面对着 300 米×120 米的公园（大约 4 公顷）。没有中庭或小院子。每户公寓实际上都算是一栋两层楼的房子，一栋拥有各自的迷人花园的别墅，不管是哪一层。这个花园形成一个高 6 米、宽 9 米、深 7 米的空间，并有面积为 15 平方米的漏斗式通风空间；房间有空气进出口：整栋大楼就像一块吸进空气的巨大海绵：大楼会呼吸。大型的公园位于公寓下方，由 6 条地下通道直接与之相联系：一座足球场、两座网球场、三座大型游乐场；一间运动俱乐部小屋、各种类型的树木、草

---

1. 首份详细规划曾在 1922 年的秋季沙龙展示，并载于第 1 版《走向新建筑》。

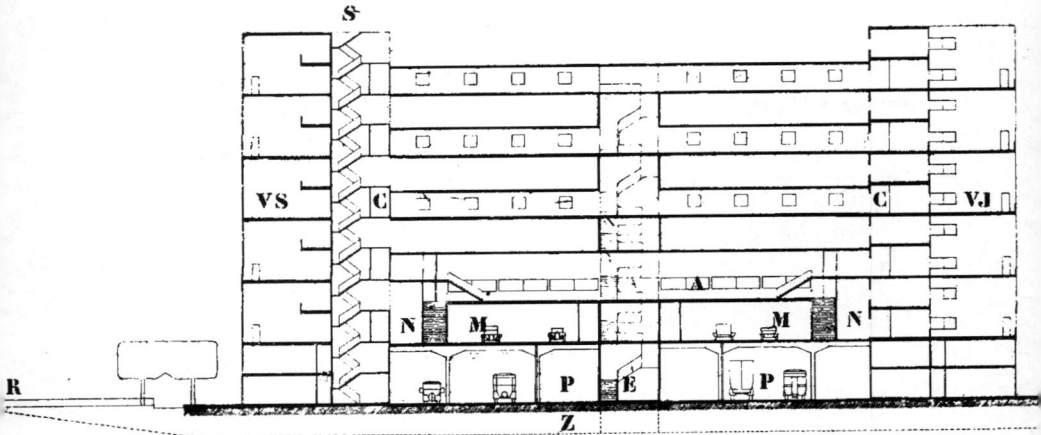

1

COUPE AB

3

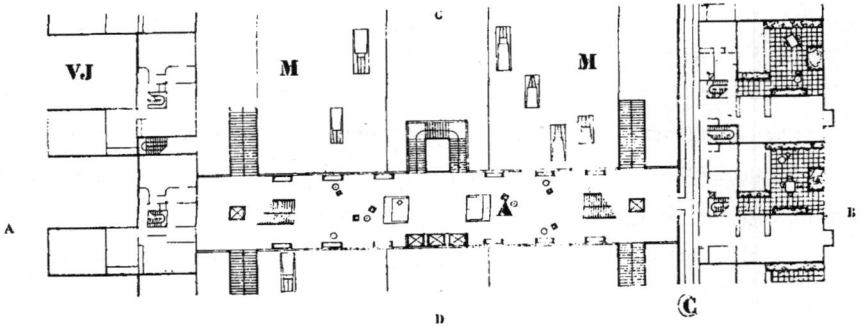

"蜂窝式密闭住宅社区"

图 1——穿越道路的楼梯系统、天桥以及悬挑花园的垂直剖面图

图 3——入口大厅楼层与道路天桥的平面图。左右两边是被 50m 宽的道路所隔开的大楼；此后是进入大厅楼梯的人行道；然后是两条单行道；中间是车库的屋顶

A. 大厅

E. 楼梯、电梯、货梯的楼梯间。

VJ. 别墅的悬挑花园

VS. 别墅的客厅

N. 人行道及进入大厅的楼梯

M. 架空支柱上供小规模交通运输的马路

P. 地面上供大规模交通运输的马路

Z. 通往内部公园的地下通道

R. 内部公园

S. 日光浴场（在 S 下方，我们可以看到一列公共楼梯）

2

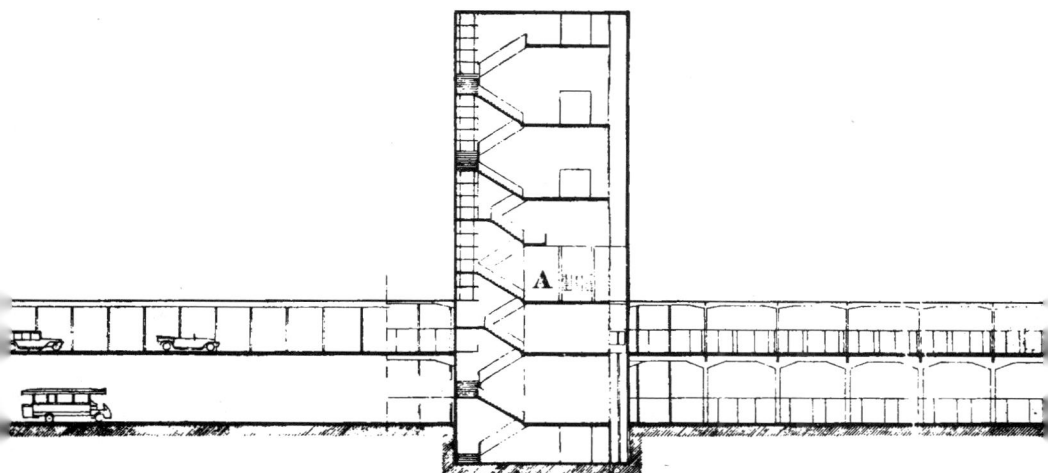

COUPE C D

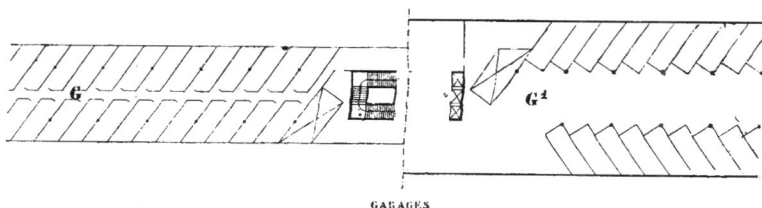

GARAGES

4

"蜂窝式密闭住宅社区"

图 2——沿着道路轴线与主要楼梯的剖面图

图 4——平面图（左边是通往架空柱上方马路的车库；右边是位于下方马路楼层的车库。G^1 通过汽车电梯与 G 联系起来。利用 G 与 G^1，我们可以直接通往大型楼梯 E 与大厅 A，然后抵达别墅 VJ 或 VS）

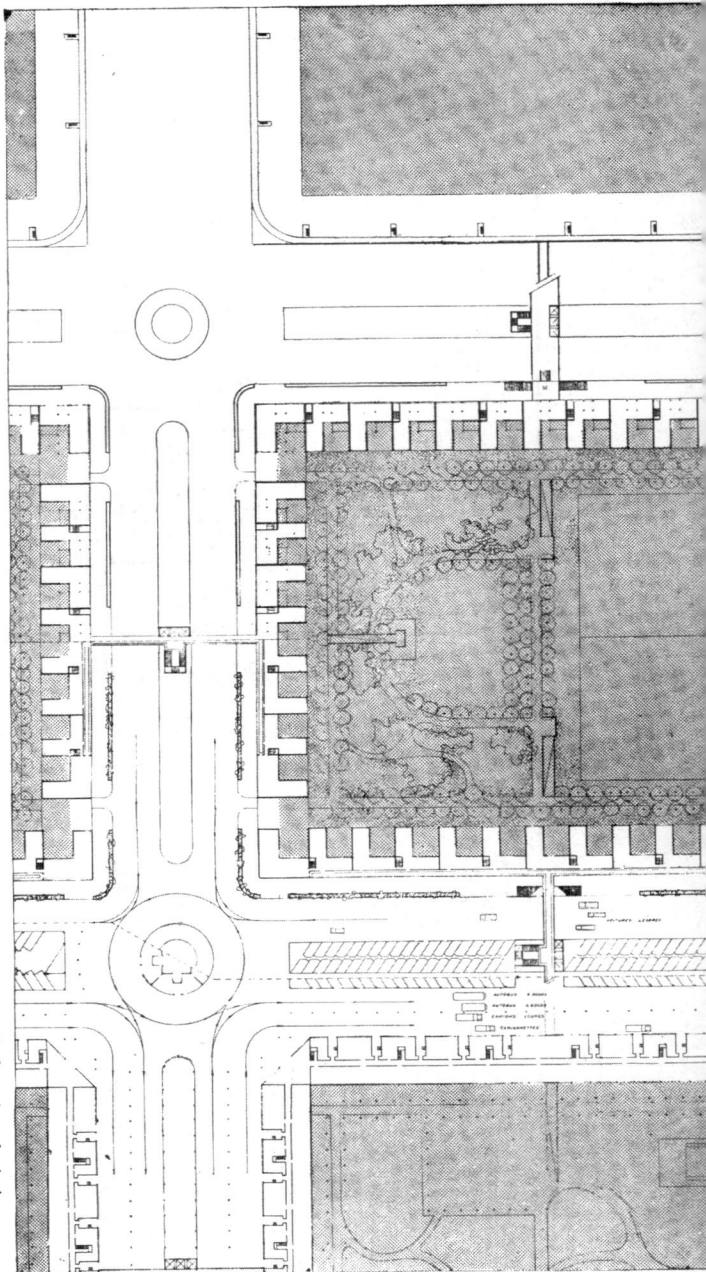

A. 屋顶日光浴场楼层平面图

A, Plan au niveau des toitures-solariums.

B. 任一别墅楼层之平面图

B, Plan à un niveau quelconque des villas.

C. 内部公园地面层的饮食工厂与旅馆业机构,以及大规模交通运输下方的道路的平面图

C, Plan à niveau du sol sur les parcs intérieurs, sur l'usine alimentaire et l'organisation hôtelière, sur les chaussées inférieures à circulation lourde.

"蜂巢式密闭住宅社区"整体规划图(400 米×200 米)

A. 可以看到连接每两户别墅的垂直公共区域及通往日光浴场与跑道的公共楼梯终点;

B. 可以看到每个悬挑花园空气的穿透,别墅与通道网路以及大型楼梯与车库、大厅和两条重叠道路的联系方式;

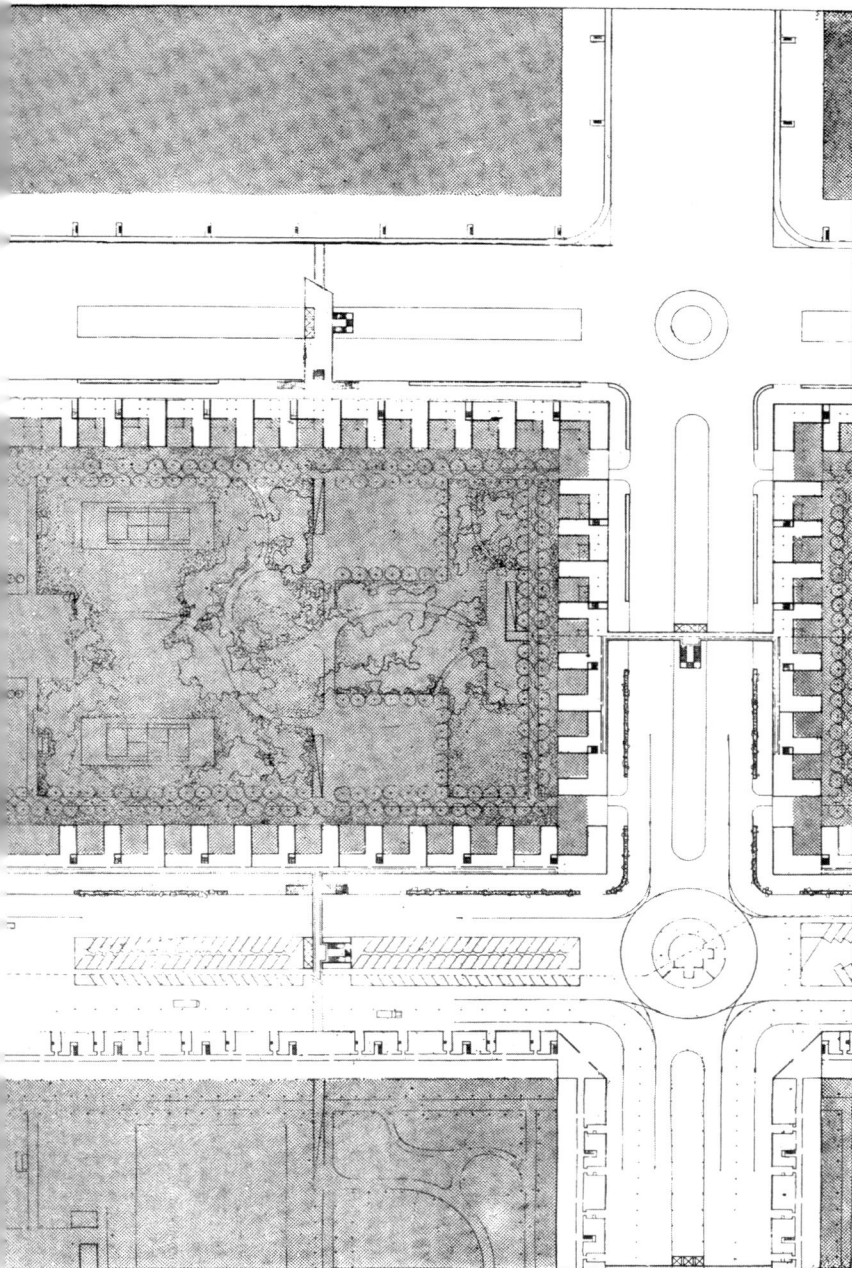

C. 可以看到留给旅馆业机构:冷藏库、商店、仓库、厨房、餐厅、洗衣店、仆役部门、管理部门等使用的地面层。

住宅社区的绿化面积:48%;

有额外悬挑花园的绿化面积:90%;

密度:每公顷300人(巴黎现行平均为:364人)

坪。道路仅供汽车使用，它通过大型楼梯（配有电梯与货梯）向上延伸，连接 100～150 户别墅；通达不同高度的楼层，再通过天桥越过马路，沿着狭长的走道直通别墅大门。在每扇门的背后：一户别墅；每户别墅占有一个完美精确的立方体，且每户均完全独立于它的邻居；悬挑的花园将其区分开来。道路也通达至路面或地下的车库；每户别墅都有自己的车库。这条道路完全以混凝土兴建且只能容纳小规模的汽车交通运输；它悬在空中，以支柱架空。重型卡车和公共汽车在下方的地下层，卡车也可以直接停在一楼的停车库里；再也没有像今天那种在人行道上阻碍道路交通且隔断行人通行的令人厌恶的路边停车了。城市的管道系统是露天的，施工人员从此不必再去挖沟了。大楼的屋顶上有一个1000 米的跑道，可供露天跑步之用。那里有一些健身房和教练，每天像训练小孩一样地训练那些父母们；还有一些日光浴场（美国现在已经通过日光浴场使结核病患者成功地战胜了病魔）。还有一些宴会厅，可以让每个人每年都有机会以令人愉悦的方式接待宾客。不需要再有门房了。取代 72 个或 144 个守门人的是 6 个仆人，以一天三班制轮流地日夜监护着大楼，接待访客并电话通知房主，并带领他们乘坐电梯前往房主所在的楼层；他们在 6 个 30 米长且跨越马路的豪华大厅里工作。这些马路上的交通运行都是单向的，而且行人不需要横穿马路便能进入大厅里。

平面图和剖面图清楚地说明了所有要素最符合逻辑的布置：基于秩序的原则，这才是自由。

最严格的标准控制了整体及琐碎的细节；在这里，建筑施工的标准化操作是不需要任何妥协的。

最理想的分组情况是 660 户公寓即 3000～4000 个居民被分配在一个蜂窝式密闭住宅社区里，这是为了组成一个共同体，而它服从于秩序原则的各项管理也将提供充分的自由（6 个楼梯间和 6 个客厅衔接安置于 5 层楼的 660 户公寓，符合巴黎现行的规章条例。但是如果我们兴建 6 层楼的话，我们将会获得 792 户公寓；7 层楼的话则是 924户公寓）。

"大楼 – 别墅"的底楼是一个大规模的家庭式经营工厂：食物供给、修缮服务、服务设施、洗衣店等。

　　我们已经看到道路网是如何持续地联系道路直达每户别墅的门口，而平面图则显示了另一个系统——垂直于它的系统——由下至上地进入大楼，联系了底楼的工厂以及每户别墅的公共设施走道。蜂窝式住宅社区的家庭式经营就是如此地被组织起来的。

　　合作社或旅馆业机构承担了食物供给和仆役服务的责任。

　　食物供给：食品直接由外省购得：肉类、野味肉、蔬菜、水果；它们全都储藏于一楼的冷藏库里。大量食品的批发价格享有 30% ~40% 的折扣（我曾问过巴黎中央菜市场的专家，了解了此项操作所需的各项费用）。厨房随时准备供应各式餐点，像蓝色海岸（Côte d'Azur）大酒店那里的精致膳食，或者一般的家庭式膳食。午夜看完戏剧表演后带朋友回来：一通电话；等您回到家时，饭桌已经摆好，仆人和颜悦色地为您服务；他准时地在午夜之前来此值班，一直工作到早上 8 点为止。一位大堂经理、一位专门人员，再加上一群具有专业技能的职员，组织并维持着大楼的家庭式经营。您的清洁工作将由专业清洁人员负责，您再也不用像在布列塔尼那样因擦地板而烦恼了。如果所有的后勤工作完全可以由旅馆业机构承担的话——根据您的意愿——您可以待在家里，待在您的别墅中精心布置的房间里，将有"家庭式"仆人为您料理"家常菜"或照顾小孩。如果您住在"大楼－别墅"里的话，便将能够解决时常困扰您日常清静的家庭负担；您将获得一种因秩序而得以实现的自由。

　　在目前的条件下，城市中的一切事物都十分混乱，一切事物都相互阻碍，没有任何的整理和分类。如果我们进行整理和分类，如果我们有效地运用秩序的原则，我们便将能够领略到自由的从容和喜悦。而家庭生活将能够在平和之中步入正轨；届时独身主义者和花花公子们的生活，就不再是那么诱人了。

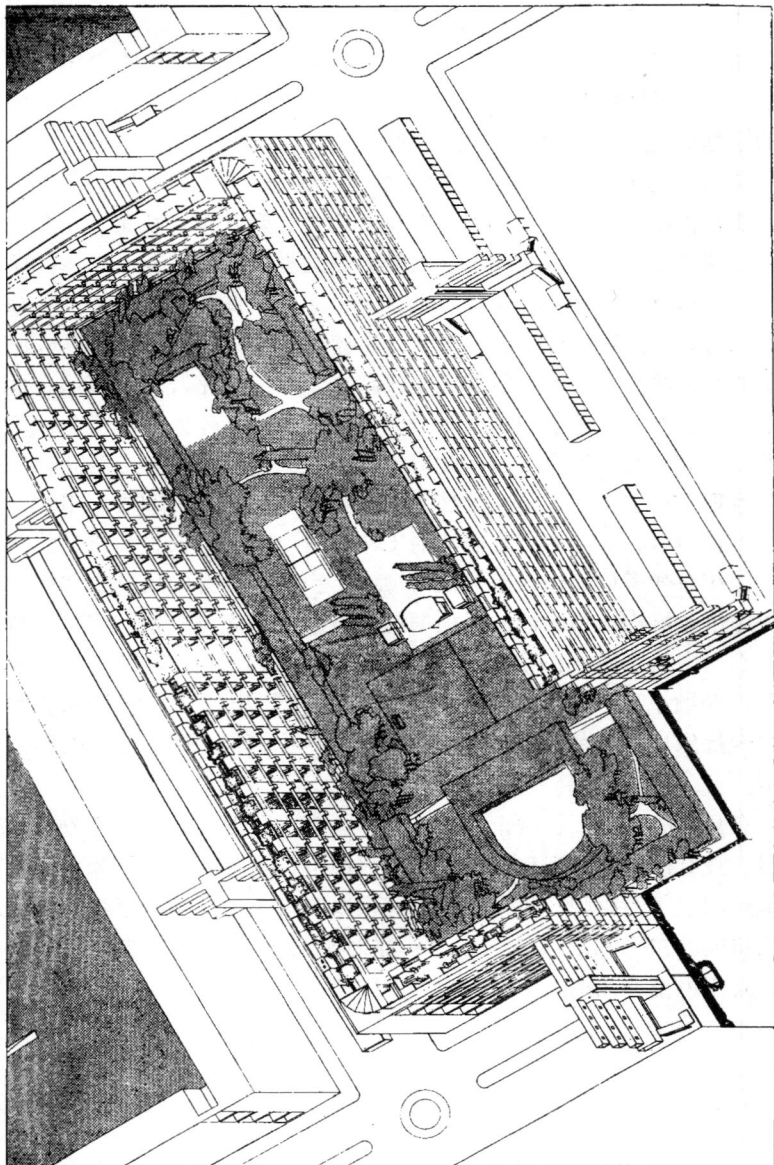

"蜂窝式密闭住宅社区"
场地中局部等角透视图
此处大楼的高度大约是地平面以上 36 米

"蜂窝式密闭住宅社区"。局部立面图。将现行立面的狭窄模矩（3.5 米）增加至 6 米，给道路一种全新的宽敞品质

日光浴场一景［1924 年建成，位于欧特伊（Auteuil）的私人旅馆屋顶上］

"蜂窝式密闭住宅社区"
公寓里的某个悬挑花园，地面以上 5 米、10 米或 20 米
（1925 年建成，位于巴黎装饰艺术博览会之"新精神馆"）

关 于 标 准 化 生 产

在前文中，已经讨论过关于美学、经济学、完美性及现代精神的必要性：

必须在开敞的空间内建设。现状的城市因为其非几何性而濒临垂死的边缘。在开敞的空间内建设是希望通过统一的规划来取代目前的紊乱局面。除此之外没有其他办法。几何学规划的结果：标准化生产。

"蜂窝式密闭住宅社区"。一户别墅，"大楼－别墅"其中一户的轴测图。所有建筑元素的全面标准化。此元素曾在装饰艺术国际博览会之"新精神馆"中精确地予以实现

1915 年。"多米诺"（Domino）住宅。标准化结构以利于标准化生产

1922 年。秋季沙龙："雪铁龙"（Citrohan）住宅。全面标准化（结构、门、窗）

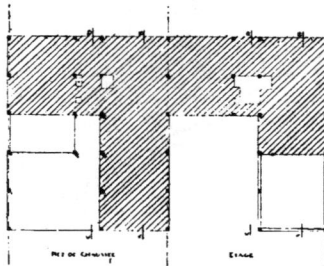

1922 年。秋季沙龙。"大楼－别墅"。全面标准化的工业化施工

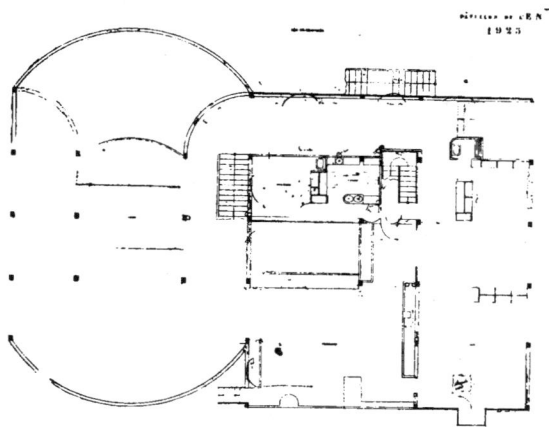

1924～1925年。装饰艺术博览会之"新精神馆"。左边是透视图馆［300万居民的城市，巴黎"瓦赞（Voisin）规划"］；右边是"大楼–别墅"的一个完整的基本单元，所有元素均实现了标准化

1924年。"新精神馆"的草图。部长蒙齐先生于1925年7月10日为"新精神馆"开幕时说："作为政府的代表，我谨在此表达对于这里所有的各项努力工作的肯定与赞同；政府不能漠视这里所完成的探索研究成果。"

标准化生产的结果：标准，完美性（类型的创造）。

标准化生产支配着一切，没有它我们不可能以通常的价格、以工业化的方式来大量生产；我们不可能脱离标准化生产的方式而解决居住的问题。施工场所必须是一间具有特定的职员、机器与设备的工厂。恶劣的天气和季节都会因此而被克服。"施工行业"再也不能接受淡季了。

如果不是对其内涵价值有任何的先入为主式的偏见的话，我们确实应当承认，为了蜂窝式密闭住宅社区而创造出的平面规划是完全支持标准化生产的。这种对固有性质的分类、对各项机能的准确配置，在经过持续的实验之后，必然会趋向于项目的真正实现。跨越了连续的挫折和气馁之后，所有的困难都将被慢慢地克服掉，然后一种机能健全的城市机构就可以发挥其作用了。

大工业家们将如何评判这样的规划方案呢；是开展一项浩大工程的时候了，他们必然这么认为。工业界将致力于施工行业，而我们工作与休息的城市环境也将会产生变化。

必须研究纯粹人性化的基本单元，能够回应生理上和情感上各种永恒需求的基本单元。成为"住房机器"（maison-outil），达到可转卖或转租的（非常实际且令人感动的）目的。"我的家"的观念消失了（地方主义等也是如此），因为工作地点会改变，能够带上所有家当一起搬家似乎很符合逻辑。所有家当，这就说明了移动的问题、"类型"的问题。住宅——类型、家具——类型。[1]一切都已被挑起，想法彼此撞击，并交会在这个即将成为一个明确概念的尖锐看法上。某些预见施工行业的未来的人们已经在商讨成立有关施工业标准的国际组织的问题了。[2]

---

1. 参见《走向新建筑》和《今日的装饰艺术》，克雷出版社。

2. "新精神馆"，借1925年装饰艺术博览会，本书得以出版，并将会成为一份标准化生产的文献资料。"新精神馆"所布置的所有家具都将由工业界而非室内装饰家进行制造。建筑物本身是"大楼－别墅"的一户基本单元——蜂窝式住宅社区的元素。展览过后，它将被运送至郊区，成为花园新城的元素。此书之研究主旨在于说明基本单元是如何同时运作于装饰艺术（感性）和大型城市规划的问题当中——问题的两个极端。

［此规划方案曾于1924年1月时提交给博览会的总建筑师普吕梅（Ch. Plumet）先生与邦尼耶（L. Bonnier）先生，却遭到断然拒绝。两位先生想要对我扣上这个帽子：这是建筑师的家。我回答道：不，是所有人的家，或者老实说，是任何一位关心舒适与美观的先生的公寓。

意见的分歧既全面且毫无回旋余地。"新精神馆"是违法地在暗中建立的，没有经过审查委员会，也没有任何资金援助。我们早已经是老手了！］

* *
*

关于城市景观

我们很少抬头去看房屋在天空中所形成的轮廓线；这个景色令我们感到极为不安。这样的轮廓线遍布城市的各个角落，几乎所有的道路上均是如此——断裂、粗糙、冲突且充满障碍的轮廓线。我们的喜悦、我们的热情，都因为这种轮廓线所显露的支离破碎而难以有所激发。如果这条在天空中所勾勒出的城市轮廓线是纯粹的，并且如果我们能够从它身上感受到一股组织力量之存在的话，我们将十分感动。天窗、瓦片和檐槽环抱着城市，在城市的景观中占有特殊的地位，垂直和水平的鲜明相交形成了视觉上的两种决定性元素。

钢筋混凝土为我们带来了充分的自由以及平面上的重大颠覆；至今仍被视为是"真空地带"、在维耶特（M. Willette）先生笔下小猫流连忘返的屋顶（瓦片、天窗与檐槽），变成了一个广大的再生空间，可作为城市的花园和散步的场所。诗情画意地，塞米勒米斯式的花园呈现在我们的眼前；它们是可以实现的，且已经实现过了；它们令人震惊与心醉神迷，它们既实用又美丽。在天空中所勾勒出的城市轮廓线是纯粹的，且透过它我们可以大规模地安排城市景观。这是十分重要的。我再一次强调这条轮廓线对人们感觉的决定性影响；这和雕塑中的轮廓外形是一回事。

进而，如果甬道式道路依旧存在的话，我肯定这种重新获得的城市视线的纯粹性就显得不足了。确切地说，必须摧毁甬道式道路并创造出城市景观的广阔性。广阔性而不是甬道的狭隘性。在设计"锯齿形住宅社区"时，我给左右两侧均提供了良好的广阔性，纵轴具有一种建筑学的特征：过去甬道式的枯燥线条现在成了棱镜，突显出凹凸的感觉；枯燥无味与恼人的甬道立面被并置的或近或远的建筑体量取而代之，创造出一种生动而宏伟的城市景观。

芝加哥
Chicago.

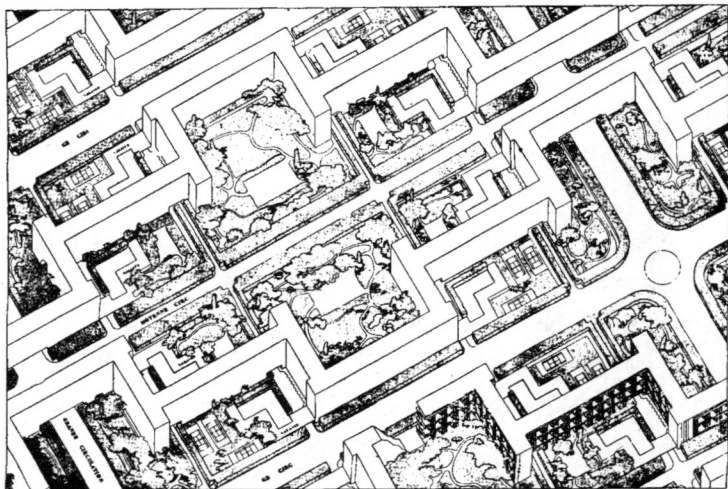

"锯齿状"
住宅社区
**Lotissements
à «redents».**

人们却说:"所有这些都将重蹈美国城市千篇一律造型梦魇的覆辙!"以上就是一个比较

　　我们将利用这些新的布局方案把植被绿化引入城市之中。先不讨论健康因素，仅就美学而言，我们必须承认，建筑物的几何元素和植被景观的生动元素，二者在城市景观中有充分结合的必要性。真的，就目前为止，除了拥有这种造型元素的丰富性、建筑物的清晰造型、植物的精美形态、枝叶迎风展翅的线条之外，除了能继续发挥这些优势之外，我们还有什么可以做的呢？为了证实这一想法，以下是最直接的比较：杜勒丽花园从此将可以延伸至整个区域，法式花园、英式花园以及建筑几何学。可以从这一可靠的陈述中得到结论："锯齿形"的大楼立面可以产生出大规模布局的一致性；它们将形成一种网状格局，树木能在其上面很容易地就显示出枝叶的轮廓；它们造就了一些凹凸的方格与花园几何形态的完美结合。让我再提醒一下前面某一章*里的结论：细节的一致性是建筑布局的基础；细节方面的一致性，整体上的"变化"。问题接着就是：房屋不再是一段 15 米或 25 米的立面；它延展至 200 米、400米，并沿着锯齿的起伏轮廓而发展。回想一下普洛丘哈堤、孚日广场或旺多姆广场，这些著名场所的建筑"装饰"并非是唯一的美。经济学家将会作出结论：这是一种鼓励标准化建造（机器、工业化的结构、标准化等）的规划方案。树叶从土壤里冒出，草坪延伸至远方，四处遍布着花团锦簇。一个几何形的建筑环容纳了这片迷人的景致，天际轮廓线是一种纯粹的建筑学特征。摆脱了甬道式的古老街道，城市景观变得更加丰富；景色是如此的辽阔、尊贵而且愉悦。

* 第 6 章——译者注。

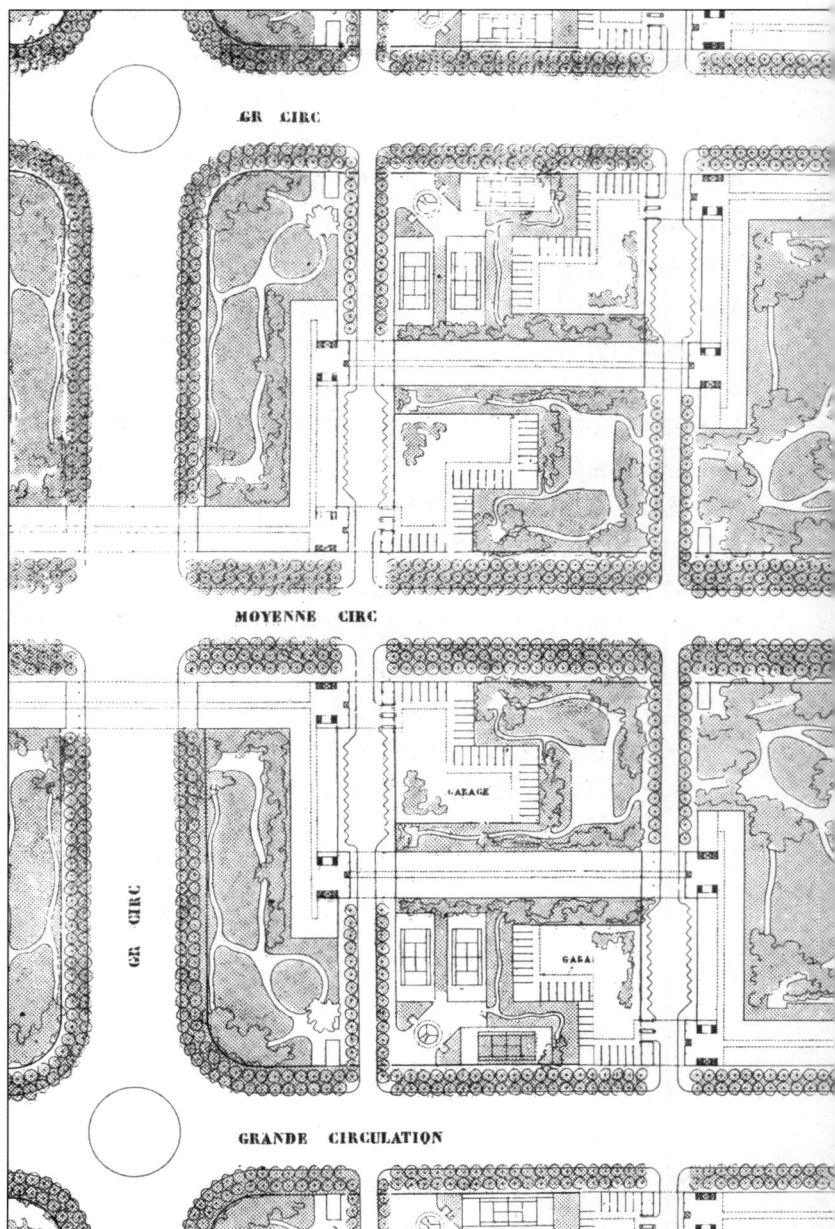

居住区的"锯齿状住宅社区"。此平面图显示出大规模交通流量的道路(50米宽)形成了400米×600米的矩形。每200米是普通交通流量的道路

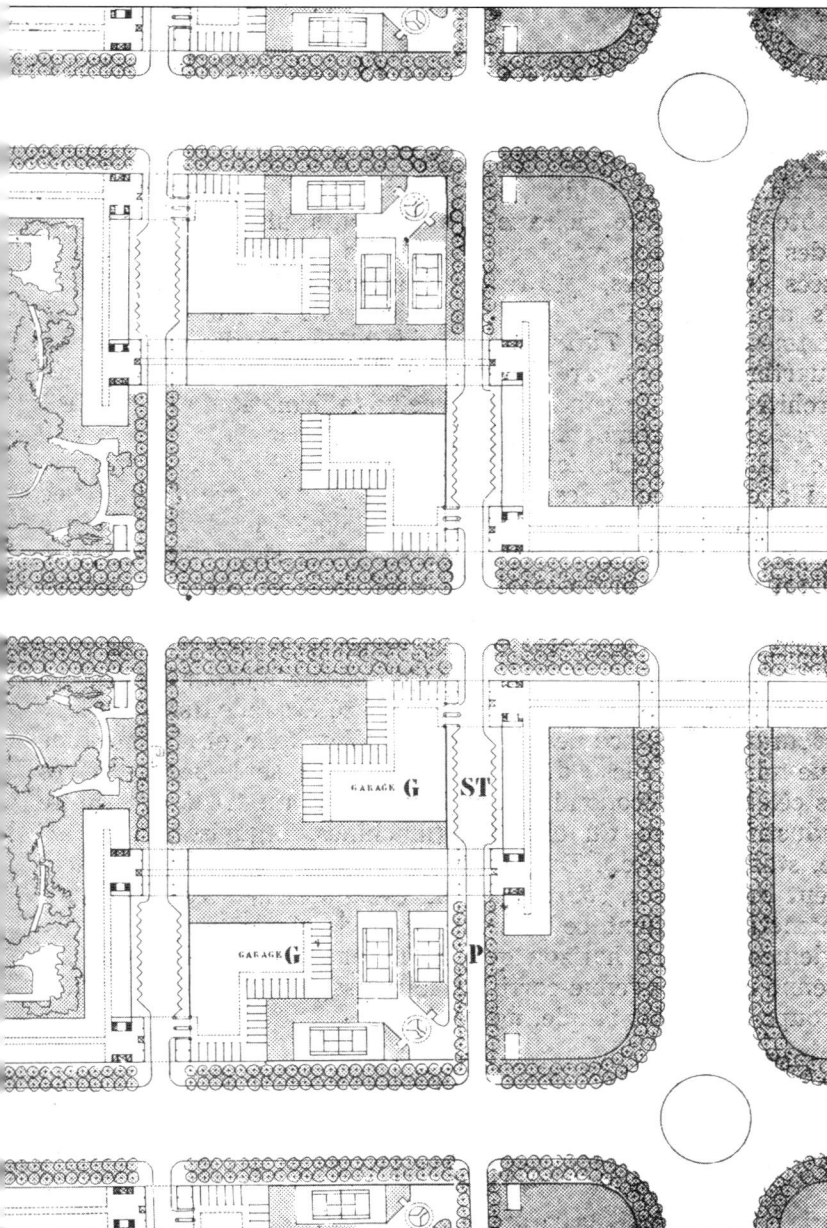

如此所形成的大型街道空间可用栅栏围住。私人入口道路兼备停车场(ST),可穿越直达大楼的门厅。每栋公寓一个车库(G)。公园到处都是,和皇宫、卢森堡公园、杜勒丽花园等一样宽敞。

建筑面积:15%;绿化面积:85%

密度:每公顷 300 人(巴黎平均为:364 人)

* *
*

人性尺度

上面这些都只是针对身高在 1.5～1.9 米之间的人们的功能。当一个人独自面对辽阔空间的时候，他将变得极为沮丧。必须懂得紧缩城市景观并创造出符合我们尺度的元素。这只不过是另一个建筑学问题而已；在建筑学上我们所做的正是一种对比方式的工作；我们能够促使单纯的元素和复杂的元素、细小的元素和庞大的元素、柔弱的元素和暴力的元素之间达成和谐。未来城市规划的庞大建筑工程使我们的负担日趋沉重；我们与这些庞大的建筑工程之间必须要有一个共通的尺度。我已经观察到树木正是这一项我们都应赞同的东西，因为我们已经远离了大自然；完全遗忘了大自然的城市现象很快地将与深厚的遗产背道而驰。树木能够遮住那些有时候显得过于辽阔的景色；它那不假思索的剪影，和我们大脑的构思及机器所完成之坚实形态形成对比。树木似乎极适宜于成为一个我们的舒适环境所必需的元素，并带给城市以及一些专横作品以某种安抚与体贴。

* *
*

我们清楚偶尔地紧缩城市景观的必要性，以满足我们擦肩而过、集会和近距离观察之需要。在构想那些产生自实际需求和经济性要求的庞大建筑工程时，我们总是想得到人性的尺度。千万不要让城市里的人们在某一天开始感觉到很无聊。

如果将摩天大楼的楼层向上推至 200 米高，可以在这些巨大的建筑物之间及其闲置之处开辟林荫大道，将 1、2 或 3 层楼紧排成连续的阶梯状，上面安排娱乐活动的场所以及拥有优雅橱窗的精品店；除此之外，连续的露台上还有餐厅与咖啡馆，并配置有梅花形排列的植被或英式花园。道路基本上将以人性的尺度进行建设。这种摩天大楼的城市将精确地重建那种完全符合我们自己的尺度的空间：一层楼的房子。正因如此，在饱受恐惧与烦扰的威胁之后，认识到有一点是很有帮助的，即我们需要一种在 19 世纪的城市中所缺乏的东西——人性尺度的建筑。

* *

如果说我们喜爱拥挤嘈杂的人群，那是因为我们是乐于群居的动物。在这个城市中，将比现行的大城市更加稠密，将能按照我们的意愿重建那种具有亲密的人际关系的集会场所；花草树木延续至远方，只有一层楼高度的房子，露台连续退缩，构成了呈现于我们眼前令人欣慰的景致。这些"舒适"元素之上以及树叶的背后耸立着巨大的摩天大楼，对于我们有多重要？它们将成为我们视线中的一个背景，具有容光焕发的玻璃立面，尽管它们仍然具有庞大的尺度，但它们已经完全不同于纽约的那种令人窒息的重量。在锯齿状住宅社区里，屋顶露台的高度可提高至 40 米，只要它们能够勾勒出一个丰富且美丽的建筑轮廓，并且形成一种与植被轮廓相对应的纯粹线条的话，对我们来说都很重要。

* *

关于人性尺度？只需要清楚地阐述这些问题就足够了；我们必须将树木带回城市，并创造出一种完全不同于现今那种令人压抑的甬道式街道的城市布局方案。

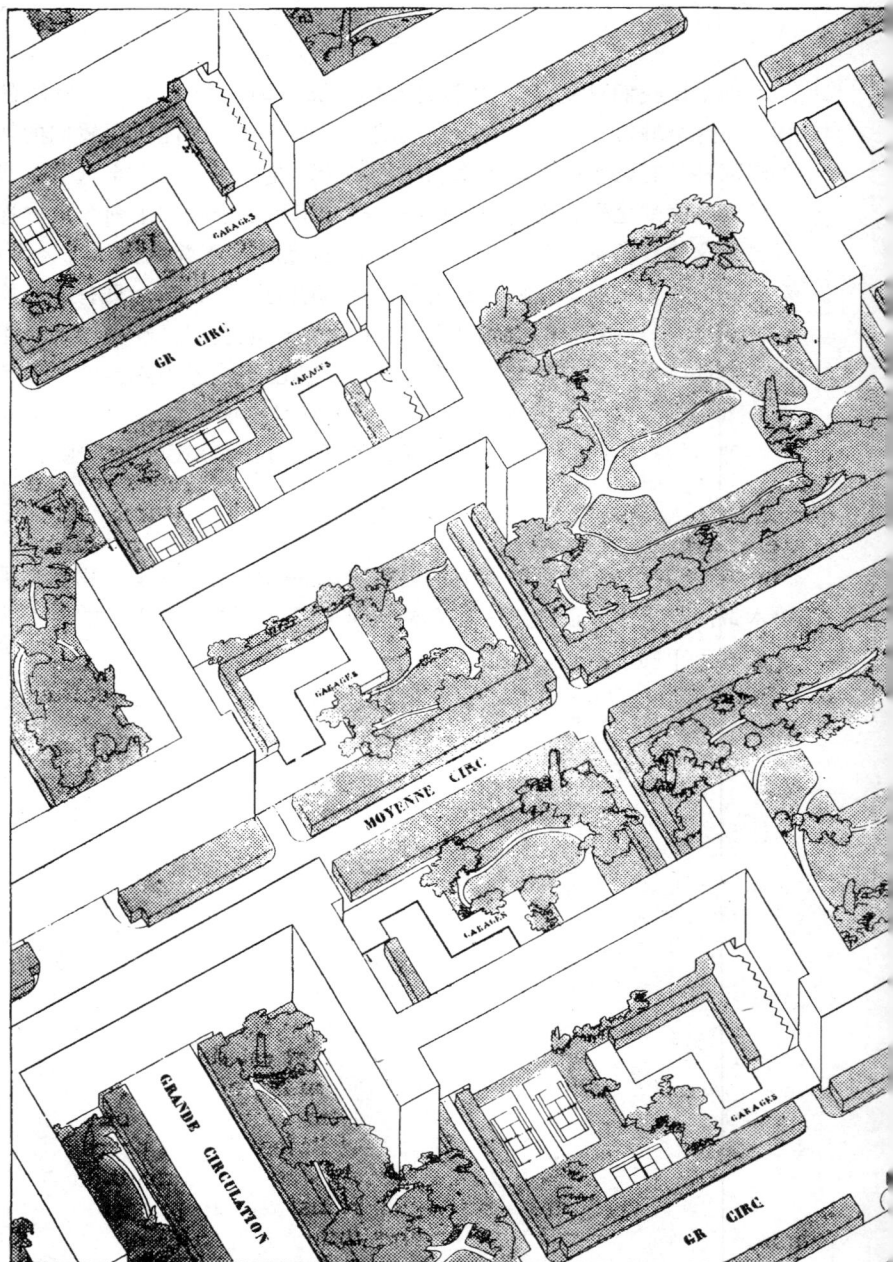

"锯齿状住宅社区"。轴测图。多亏了"蜂窝式"系统的空气与光线之穿透,建筑物的深度得以增加至 21 米而不需要内部中庭

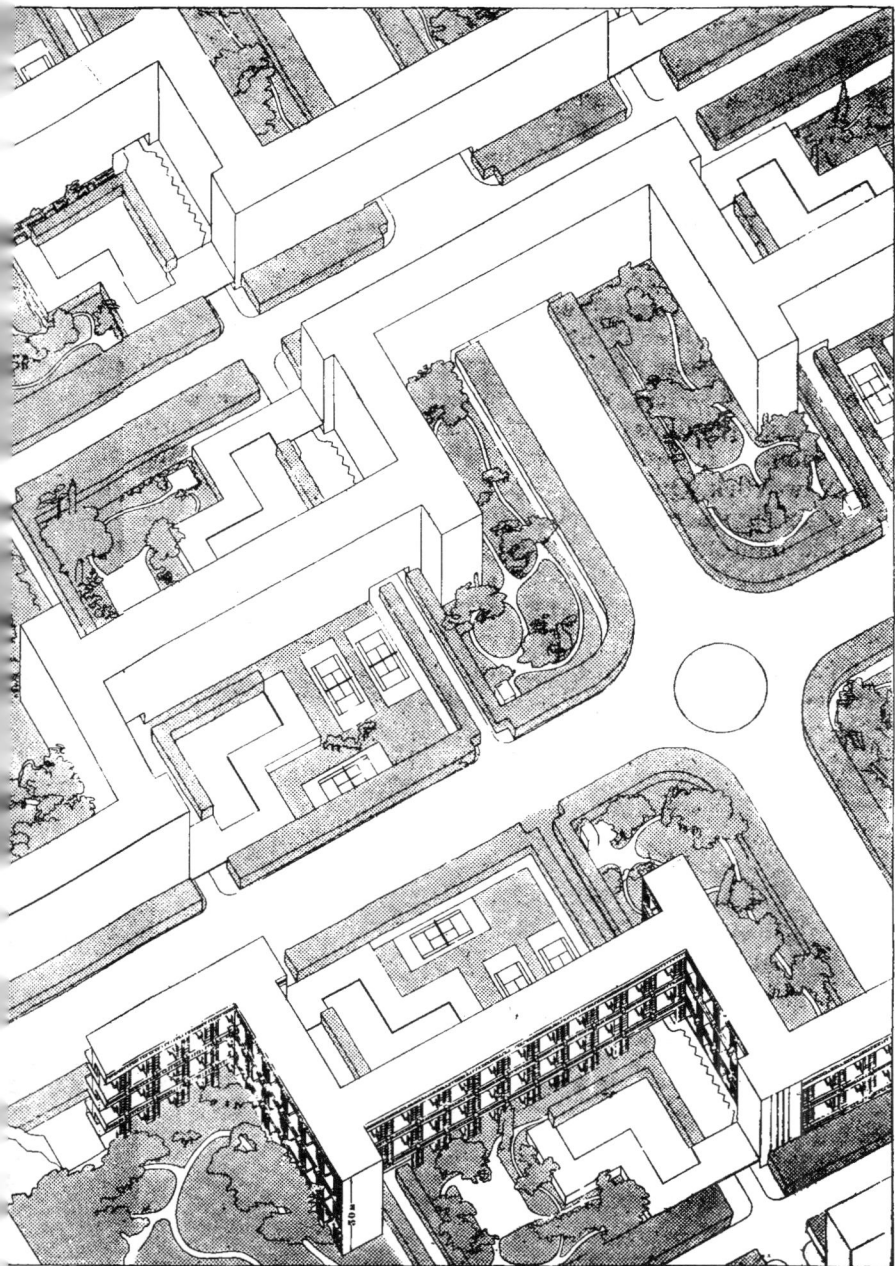

高效率的特殊布局,别墅以梅花形配置,得以将 6 户,即 12 层楼高度的入口走道数量减为 3 条。我们可从本图底部的局部垂直断面图中看到配置情况

*
* *

关于自豪感

自豪感使我们抬起头，挺直腰杆；它以振兴对抗消沉、以前进对抗畏缩、以坚定对抗犹豫、以兴趣对抗冷漠、以行动对抗倦怠；自豪感是强有力的杠杆。自豪感既非傲慢亦非自负。

有时候，公民的自豪感控制着群众，带来一种信仰和行动。我们承认：这些触发行动的信仰时刻，也正是人们幸福的时光；它们源自行动

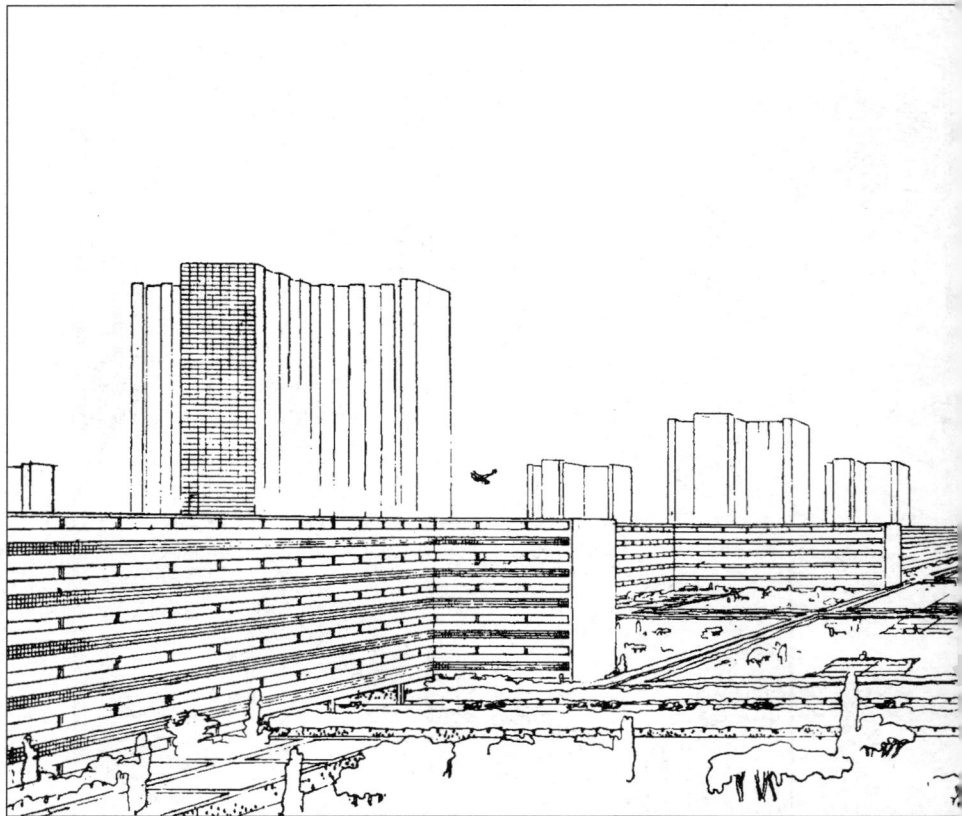

（有时源于一个简单的事件），却同时激发了进取心、举动、活动、创造、首创与概念；此时我们可以观察到伟大工程的进行；一种特殊的精神状态被确立，触及了所有的范畴；一个既社会化又具体化的结构因此而被建立起来。静候创造力量的美，有一天会现身于作品之中。源自行动的美，鼓舞人们的激情并驱使着人们的行动。当公民的自豪感控制着他们，并坚决地促使他们超越平庸的那一刻，就是群众的幸福时光。

唯有能够集思广益的那一刻，才会出现集体的成就：即解决办法获得普及，且集体现象加速了它们并以明确的体量创造出纯粹的棱柱体的那一刻。当前期的准备结束之后，接下来的将是迅速、剧烈、近乎骤然的现象。

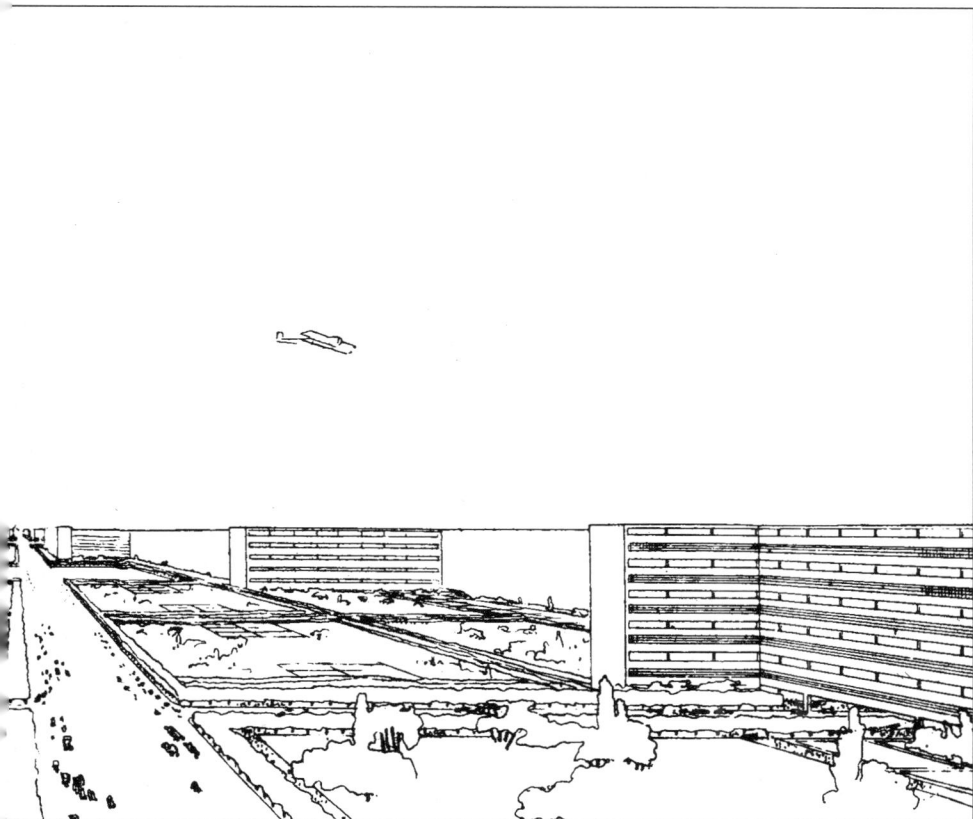

代城市。穿越锯齿形住宅社区(6 层楼)的道路。锯齿形产生了一种带着我们远离"甬道式"道路的原始建筑感。
寓的每扇窗户(两面)均面对着公园

现代城市。摩天大楼下方的公园。右边是锯齿形住宅社区。左边和底部是阶梯式层层叠起
的餐厅、咖啡厅与商店。可以看见底部两栋建筑物之间横过了可谓纯粹建筑创作的汽车道路

群众化学就像金属化学一样精密；必须列出它们精确的化合价才能得到产品。我们常说"时代熔炉"的概念，正是因为我们能感受到像精密数值的化合价能够产生出纯金属结晶的那种无形作用。

当我们身处混乱、躁动及毫无秩序的演变之中时，可以觉察到一丝方向的指示和构造的明显征兆，可以想像结晶的时刻即将来临。如果这些指示驱动了大批的群众，如果这些（道德的、社会的、科技的）构造是强大的，可以相信即将产生一个强盛的时代，即将到来一些伟大的作品。如果我们可以明确地列出公式，如果明确的公式能够在各个方面均能解释并驱动一种总体的趋向，我们就可以留意解决这一问题的时刻了。有一天，相同的思想将从一些相反的方向与一些不同的环境中建构出相同的体系，一种明确的和谐将得以产生——容光焕发地。在这个和谐的、容光焕发的建构和激情时刻，将萌生出一种自豪感：一种对于禀性良好且有发展潜力的伟大作品的满足感。

公民的自豪感呈现于建筑学的物质作品之中。时代不断地确立建筑学的基础。佛罗伦萨的鲜花圣母教堂、威尼斯的大理石桥、帕提农神庙、大教堂。共和政体时代的作品鼓舞了公民的自豪感。难道美国人没有自豪感——即使有部分争议性地——能够看到曼哈顿从海上涌现出的巨大的动荡性的结晶吗？

集体的激情鼓舞着人们的行为、概念、决议以及行动力。物质作品即为其产物，且正是这股通过造型语言进行表达的激情——真实的体系、感人的机制——成就了时代的风格。风格是——造型体系方面的——精神创作——激情。热情、激情、热心、信仰、喜悦与活力，共同带来了幸福。

如果我们不进行创作的话，我们就会被消灭掉。如果我们不行动的话，世界不会停滞不前，它将会走向消沉、衰弱、毁灭，并导致饥荒的惨状与兽性的野蛮。前进是我们的信仰：从来没有任何事物能够停下脚步，因为一旦停下来就将迅速衰败与腐朽（这是生命的含义）。因此必须前进、发展与创作。在一个半世纪的卓越准备之后，理性赢得了它应有的合理地位，它造就了科学，而科学则猛烈地将我们推向机械化。所有的一切均动荡不安。似乎一切都在崩溃。崩溃的只有陈旧的世界。透过旧世界的残骸大胆地推动着一个新的世界。似乎具有绝对支配地位的

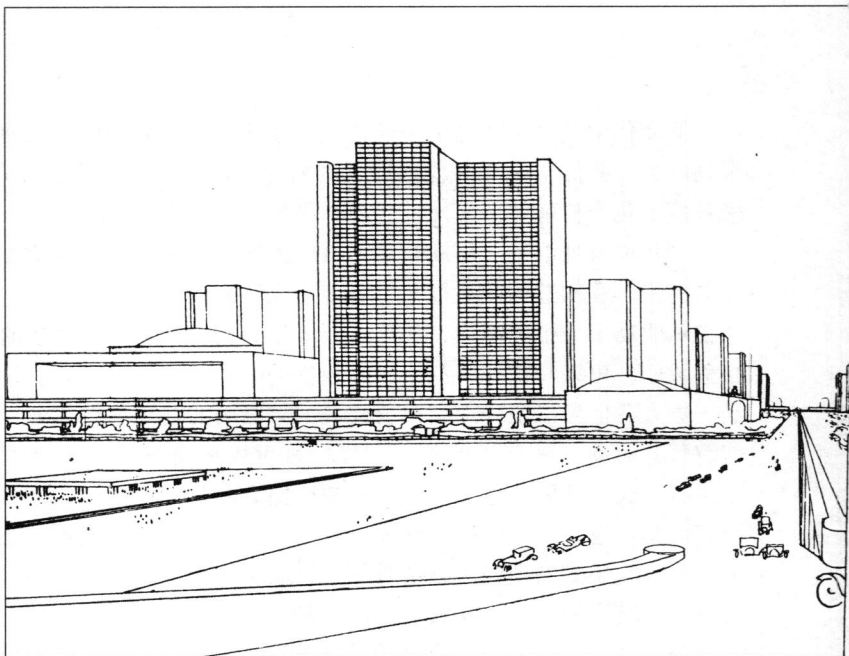

现代城市:新型城市,"快速干道"一景。左右两边是公共设施

现代城市:新城中心环绕车站广场的阶梯式露天咖啡座一景。可以看到左边两座摩天大厦
交通量均为最高;空间辽阔足以容纳。阶梯式露天咖啡座构成了熙熙攘攘的林荫大道。剧院

是博物馆和大学。可以看见整个摩天大楼沉浸在阳光与空气之中

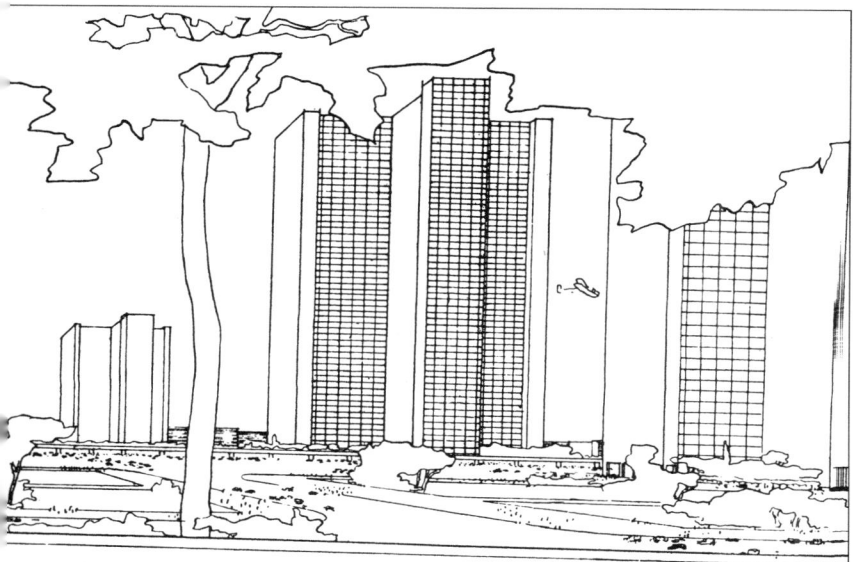

车站,稍微突出于地面之上。离开了车站,汽车驶向了右侧的英式花园。我们正位于城市的中心点,密度与
□场所等布置于摩天大楼之间的绿荫之中

理性使我们的内心逐渐屈从了最阴险的悲观主义，但生命的剧烈力量似乎重新将我们推向一个新的历险之中。为了一项具有建设性意义的伟大工程，理性与激情开始结盟。可以这么去想，一种风格由此而生。某些已经明确觉察到这一情况的人们，领悟到自豪感即将诞生——自豪感，群众的操纵杆。

我们所处的世界，好比一处尸骨的埋葬场，布满了旧时代的碎屑。一项应当由我们完成的任务：建造我们生存的环境。清除掉城市里腐败的骸骨，我们必须兴建当代之城市。

疲惫和受伤的人以一种靠不住的经验智慧进行抵抗。实际上，他们属于过去的时代并且不明白现在的情况。新的一代充满了热情，有决心接受此项任务。我们横跨了两个时代：前机械化时代和机械化时代。机械化时代尚未完全觉悟，尚未集结力量，尚未开始建设，尚未获得一套建筑体系，通过它，首先能满足时代的物质需求，而后可以回应鼓舞其活力的纯粹感觉：促使人类的一切皆尽善尽美，这种创造和秩序的感觉对幸福而言是至关重要的。

幸福不是口袋里的一枚硬币或手中的一块面包。它是一种感觉，一种不可称量的感觉，一种发自内心的感觉。

第三篇　明确实例　巴黎市中心

目前，在巴黎市许多重要的战略性要地，人们正在摧毁掉大量的衰败街区和破旧房屋，并在它们的遗址上重建新的"大楼"。

人们放任这种行为，任由在一座破坏生活的破旧城市中建立起另一座肯定会更加摧残生活的新城市，这座新城市未能对街道进行任何改造，从而正在制造一些名副其实的交通拥堵节点。

在巴黎市中心的这些土地开发活动就像是留在市中心附近的癌细胞。癌细胞将会扼杀掉这个城市。任由这些事情发生是无视大城市中的潜在威胁的不负责任行为。

PEUCH donne le premier coup de pioche

...on des nouvelles conditions économi-
...; mais le Conseil municipal réussit à
...er une formule qui permet aujour-
...e reprendre les travaux tout en mé-
...le intérêts des contribuables.
...ime le vœu que la société
...mette autant
...car le

第 14 章　内科学和外科学

　　本书第 9 章曾介绍过 1923 年时所搜集的一些剪报；它们并非毫无说服力。1922 年时，报纸上对于城市规划的问题还是比较沉默的；1923年时，专注于此问题的文章接连出现，且意味深长；人们开始讨论这些生死攸关的问题。而到了 1924 年的时候，可以说所有的报纸都加入了笔战，且几乎是天天如此；城市规划确实引发了人们热烈的讨论，巴黎真的病了，病了。

　　"通畅"，"通畅"！人们不断地提出改善交通的要求，不断地提出改善交通的建议。因为巴黎病了。大夫（目前主管建筑和城市规划的行政官员）可分为两种：内科医生和外科医生。老实说，无关紧要的内科学，微不足道的外科学。我们都知道这些建议是毫无效用的，因此意见提出之后并未进行实施。然而，认识和了解内科学是否足够，或者说是不是非得外科学不可，是一件极为紧迫之事。

　　该图表明了近23年来法国汽车运输量的增长情况。在经历第一次世界大战期间的小幅衰退之后，1920年、1921年和1922年间获得飞速增长

GRAPHIQUE INDIQUANT L'ACCROISSEMENT DE LA CIRCULATION DES VEHICULES AUTOMOBILES EN FRANCE AU COURS DES VINGT-TROIS DERNIÈRES ANNÉS
Après un léger recul durant les années de guerre
cette progression a fait un bond formidable en 1920, 1921 et 1922

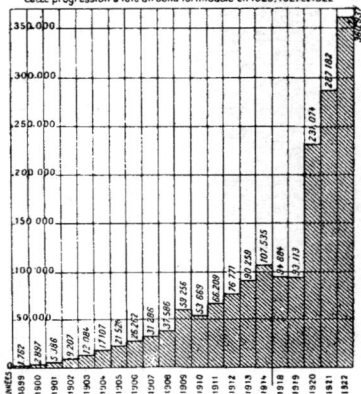

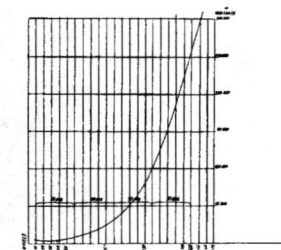

Courbe générale d'accroissement de la population,
voit par groupe de 50 ans, l'accélération violente d'accroissement.

人口增长变化的总体曲线
可看出每50年人口增长的剧烈加速

交通
9个月内伦敦市共发生61964次交通事故……

交通
林荫大道上的天桥

实例
塞巴斯托伯勒大道和圣米榭大道遭遇电车交通拥堵

地下电车？

交通
单行道！
自今天早上8点起，
警察开始执勤

警察局长决定从今天开始，无限期地消除巴黎的交通拥堵，同时制定限制在巴黎市内汽车行驶数量的规章……

畅通！
一位裱糊墙纸的
工人和10辆
电车阻塞了林荫大道

人人有份，电车与马车已经足够造成道路交通拥堵的了。设想当它们竟然联合起来时，您说结果会如何呢？

昨天下午大约2点时……

警察局长希望消除交通拥堵

军事会议　星辰广场
默翰先生要求一份消除市中心电车的报告

昨天星期三下午4点半时，警察局长在交通运输部主任姬夏赫先生的陪同之下，抵达……

教学之旅
默翰先生在伦敦

今天，警察局长在警察局姬夏赫先生和掌握了市政委员会交通发展命运的马萨尔先生的共同陪同下，抵达了伦敦。

巴黎一行代表将在伦敦一直停留到星期三。他们将去考察这个英国首都中重叠的道路以及行驶地铁、电车和汽车的铁桥。因为在伦敦我们了解到必须好好地预先考虑到未来……

玛德连纳歌剧院之间
22个停靠站
或许是公共汽车之罪

巴黎交通阻塞了。

下面是本次交通阻塞的结果之一：

一位读者写信说：

"我在玛德连纳搭乘一辆'2点25分'的帕希－布赫斯线的巴士；经过了21次中途停靠站停车之后于2点58分到达歌剧院广场。从歌剧院广场到路易勒葛蓝路，花了10分钟并停车5次。我在路易勒葛蓝路前等了10分钟，最后我和其他旅客步行到达了目的地。"

* *
*

在业已开始扼杀城市的、最险恶的癌症毒瘤之中，我们找到了适宜的解决办法（亦即刻刻便能实施的解决办法，物质上和财政上都是可行的，对于任何有勇气接受这一办法的人们来讲都是有益的）。这个毒瘤，就是近一两年来在巴黎各处所开展的房屋拆毁与重建工程；这些地点都是十分重要的；它们提供了第7章中已经提到过并将明确地支撑下一章内容的构想：关于巴黎市中心改建理论的先验性证明。一个让人们赶紧闭上眼睛、堵住耳朵并指责为疯狂念头的理论。

A. 维尼翁
B. 法国邮船公司
C. 拆毁区
D. 拆毁区
A、B、C 与 D 在同一个地点上重建

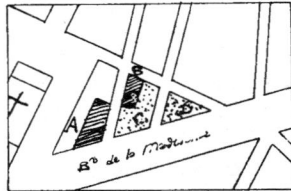

该图是非常典型的：从实际的情况，可以看到左侧的"维尼翁"（Vignon）和右侧的"法国邮船公司"，两栋占地 1/3 街区的凹形"大楼"。一年后即将竣工。在这个位于协和广场和歌剧院之间的战略要地上，我们即将重建起新城市的一部分，然而，旧时代的道路则还毫无变化！

目前，在巴黎市许多重要的战略性要地，人们正在摧毁掉大量的衰败街区和破旧房屋，并在它们的遗址上重建新的"大楼"。我们保持原有道

路，未进行改建；有时我们会后退旧有道路 2 米或 4 米，如此而已。这些大胆且有益的开发活动很好地用事实证明了拆毁和重建活动在今天是完全有可能的事情。相反地，这些有效的开发运作，已经在巴黎的土地上、在巴黎市中心，建立起了一些据点，**20 世纪城市的根据地。然而，这些据点绝不是由城市规划的现状问题所支配。**奇怪的是，人们放任这种行为，任由在一座破坏生活的破旧城市中建立起另一座肯定会更加摧残生活的新城市，丝毫没有考虑到交通的问题，这座新城市所创造的街道空间将使目前已病入膏肓的城市交通运输更加严重。**在巴黎市中心的这些土地开发活动就像是留在市中心附近的癌细胞。癌细胞将会扼杀掉这个城市。任由这些事情发生在玛德连纳与卢浮宫的林荫大道上，或发生在胜利广场与勒佩勒捷路及戴布路等地区，是无视大城市中的潜在威胁的不负责任行为。**这几行文字我使用了大写字体（黑体字）；它们宣告了一个惊人的事实，必须停止对它的批评，才能够进行接下来的分析、评估与决定。

*
* *

旧巴黎的 25 年。

"旧巴黎"的委员会开会了。

——考虑到能限制破坏文物的行为就令人愉快。当然了，当然了！了解到美已是市民的正当需求更是令人感到鼓舞之事。

可是，我还记得在学校的历史课里，那些国王、皇帝、教士们在花丛中络绎不绝地观看女伶们的美妙舞蹈之时，城门却被强行撬开，蛮族像疯狂的湍流般蜂拥而至。杀戮、死亡；血流成河，凝固在散落于舞者跟前的玫瑰花瓣上。

此刻也是如此，尽管主题较为简单，似乎局势是要求我们往前看，而非向后望，任何事情都应该有结束之时刻；而如果工作没有有所超前的话，快乐的时光就必须延后了。

*
* *

当人们因病入膏肓的心脏病或肺病而濒临死亡时，是绝不会想到要在钢琴上从事五指练习的。

关于故乡、诗歌、祖先祭礼的最理想的颂辞，莫过于许多忙着在报纸里秉笔直书并制造舆论的人们所挥洒的激情文字；然而，一旦要提出对充满结核病的衰败社区进行拆除的问题的时候，你便能听到他们的尖叫："锻铁呢，他们怎么办呢，旧房子中美丽的锻铁饰件怎么办呢？"

LES VINGT-CINQ ANS de la Commission du Vieux Paris

Il y a exactement vingt-cinq ans que des savants, des littérateurs et des artistes se réunissent pour la première fois en une commission dont le but était de conserver et de faire connaître tous les vestiges de l'histoire du vieux Paris. Avec l'appui des pouvoirs publics, cette commission a réalisé d'excellentes choses. D'abord, elle a dressé un inventaire complet des vieux immeubles qui sont des merveilles d'art, mais elle n'a pas borné là son œuvre. Avec un fervent, elle a animé toutes ces vieilles pierres, elle les a fait parler etc à connu leur ...

C'est aussi que, grâce aux efforts de la commission, on a pu sauver de la pioche de vieux portails surmontés de cartouches finement ciselés, de superbes balcons forgés où s'accouda quelque ... d'un autre âge, ou quelques escaliers de bois sculpté que le Pompadour effleura de ses pas de satin.

Heureux savants, heureux artistes du Vieux-Paris qui vivent parmi ces souvenirs passionnants! La municipalité parisienne s'est associée hier à leur premier jubilé. al cérémonie comportait une séance à l'hôtel Lepeletier de ...

M. Juillard, préfet de la Seine, a, lui aussi, marqué le rôle bienfaisant et utile de la commission du Vieux-Paris. «Elle a donné à la municipalité parisienne le grand honneur de seconder, pour une large part, le mouvement qui a fait entrer dans nos lois la notion de servitude archéologique et esthétique, et qui a placé au rang des besoins légitimes des citadins...»

Après ces discours, les invités de la municipalité, qui les avaient chaleureusement applaudis, se sont très vivement intéressés à deux communications de MM. Camille Jullian, sur les anciens noms de rues, et de M. Henry Martin, sur les prévôts des marchands. Puis M. Louis Bonnier a projeté sur l'écran quelques-uns des plus intéressants des 8,000 clichés qui constituent le trésor archéologique et artistique de Paris.

Mme Yvette Guilbert et les chanteurs de Saint-Gervais se sont fait entendre ensuite dans de vieilles chansons, et l'orchestre Casadesus a joué des vieux airs sur des instruments anciens. — Louis HÉRAUD.

L'exposition interalliée des invalides de guerre

旧巴黎委员会的 25 年

距有关学者、文人和艺术家们首次汇集委员会商讨有关旧巴黎历史遗迹的保护问题，迄今已整整25年。在公共机关的支持下，该委员会完成了许多杰出的事情。首先，它编制了称得上是艺术瑰宝的传统房屋的完整清单，但它并不以此为满足。带着虔诚的热情，它为它们注入了新的活力……

多亏了委员会的努力，我们才得以从洋镐下拯救那些古老的大门，上方缀有精巧雕琢的边饰，横挂着另一个时代俏丽布幔的锻造阳台，或是一些精致的木雕楼梯。

陶醉在这些动人回忆里的旧巴黎的幸福学者和幸福的艺术家们！昨天，巴黎市政当局召开了50周年的纪念大会。包括一场在勒佩勒捷大厦举行的会议……

塞纳省行政首长吉阿赫先生也强调旧巴黎委员会成就卓著的作为。"很大程度上，它为巴黎市政当局在促进将考古与美学观念强制纳入法律并将美作为市民的正当需求的活动贡献良多。"

在此演说之后，给予其热烈掌声的市政当局的来宾们对于卡密利·朱利安先生关于旧道路清单和亨利·马赫旦先生关于巴黎市长所作的报告颇感兴趣。随后路易·包尼耶先生在荧幕上播放了8000多张展示巴黎考古与艺术记录的幻灯片。

伊凡特·姬贝赫女士和圣杰赫维的歌手们随后献上几曲老歌，卡萨德苏管弦乐团也以古老乐器演奏了几首古老的乐曲。

——路易·贝侯

　　有时候，这些先生们的那些喜爱从事慈善活动的太太们，生活中仍保持着对锻铁的那些诗意般的不朽记忆；她们曾经焕发着年轻气息，为她们的那些由保姆照看的新生儿带来廉价的牛奶，围绕着一些被虫蛀食过的旧楼梯，在这个萦绕着往昔回忆的"马莱"区；"旧法国"的怀旧歌曲咏唱于破旧的石材里：风流男子、达达尼昂（d'Artagnan，三个火枪手之一，译注），儒雅女子……

　　好吧，故乡！

　　好吧，让故乡伴随着我们，把陈旧的楼梯保留下来，尽管"廉价牛奶"和"新生儿"都将消失在内心回忆的深处。"搅乱我吧！"

　　当然啦，品味这些往事的专家们，忙于在报纸里振笔直书制造舆论，但如果您问他们的话，他们将告诉您他们自己是住在星辰广场（Étoile）或巴黎军校（École militaire）配有电梯的新大楼中，或者是隐藏在花园里的某栋豪华小屋里。

* *
*

内科学和外科学

　　1923 年 2 月 17 日，巴黎市议会议长丹尼斯·普西先生在为了开凿奥斯曼大道而必须拆毁的一大片房屋上挥下了第一镐。

　　目前（1925 年），拆毁行动正在局部地进行中。在尚未重新盖满建筑物之前有广阔的面积，还可以想像……不少的东西。这片面积就在眼前；我们创造了它；它是巴黎市中心在 1925 年的一个城市事件。大胆的外科学。奥斯曼做出的决定。这个意志坚强的人所完成的一些杰出作品都是外科学的；他毫不留情地挖掘巴黎。似乎城市是该死的。在今天的巴黎，汽车全靠奥斯曼才得以存活下来！

　　因此这样的操作就是可行的吗？我们可以征用、补偿，运用所有的手段吗？是的，在奥斯曼与帝王的时代里。是的，即使是在当前的民主时代里。

　　拥挤、不堪负荷、过度饱和的城市大型裂口，介于戴布路与林荫大道之间，引起了人们极大的注意。

　　这是一个证明。

LE PREMIER COUP DE PIOCHE
pour l'achèvement du boulevard Haussmann

C'est fait : le percement du boulevard Haussmann est commencé depuis hier, et il l'a été en dehors de toutes les règles architecturales, car c'est à la base d'un immeuble que le premier coup de pioche a été porté. Il ne s'agissait, il est vrai, que d'un geste symbolique que des personnages officiels ont accompli, pour marquer la grande importance de ce projet enfin mis en œuvre pour la beauté de Paris.

第一次动土
为了奥斯曼大道的完成

动工了：奥斯曼大道的挖掘工作从昨天起开始进行，它抛弃了所有的建筑惯例，因为第一镐是下在一栋大楼的基础。官方人员的到场只是象征性的行为，为了强调为落实巴黎市容美观计划的这个项目的高度重要性。

* *
*

外科学和内科学

历史的经验回答道：外科学和内科学。

城市内部的中心是外科学。

城市的外围地区是内科学。

面对不同时期演变的外科学造就了 1925 年巴黎的吕戴斯（Lutèce）。

中世纪、现代和当代都连续地继承了同一个从远方放射状汇集的巨大轴心，永恒的中心。当权贵人士懂得预测时，医术就可以为未来而准备了。

今天我们全神贯注于为美好的未来作准备；这同时也是为了避免外科学。我们准备一片辽阔而明媚的郊区；也许它将成为一个卓有远见的杰出作品。我们能像科尔贝时代那样眼界开阔吗？我们眼界开阔吗？美学与诗学是否已经跟上了城市规划的现代要素：交通和精神的永恒基座——秩序？

对当前的形势而言，外科学是不可避免的。

这是历史给我们的答案。

首先即是这一事实：现行城市没有任何一座具有交通方面的规划。问题是全新的；50 年前是无法预料到的。此刻我们不得不饱受其必然的困扰。防御型城市至今仍使城市发展处于瘫痪状态，束缚着我们并使我们落后于形势的发展。

当我们兴建皇宫广场（孚日广场）的时候，四轮豪华马车尚未出现（路易十三世）。

1672 年的加朗德（Galande）路中有两个地方狭窄到两辆车子无法交错而过。这条道路属于巴黎大交通路网的一部分并连接着塞纳河上的大桥。

16 世纪中期时，巴黎有 2 辆四轮豪华马车。

1658 年，发展到 310 辆。

1662 年，第一张 5 块旧法郎的公共马车执照被发出。

1783 年，第一条法令首次确定了住宅的高度限制；新建道路的最小宽度为 9.75 米（内科学的例子）。

法国大革命期间颁布的一条法令决定了道路宽度的 5 个等级：14 米、12 米、10 米、8 米、6 米；但没有人行道（外科学和内科学的例子）。

科尔贝是巴黎所有大型工程的创始者与实现者：建筑物、林荫大道、开敞空间、凯旋门。1676 年所颁布的法令是世界上第一条陈述当代和未来工程计划的法令（内科学和外科学）。

那个时代（路易十四时代）的观念是："巴黎不只是城市，它是整个世界。"我们体会到习俗被新事物所淹没,因此我们努力制定法律。它已经算是近代的第一座"大城市"了(规模比现在城市小 10 倍,距离我们只不过 200 年而已)。

1631 年,一条法令限制了巴黎超越市郊范围以外的扩张——缺乏条理且无计划性的扩张。他们决定立下 31 个确定市郊道路方向和建设极限的界标;更远些,禁止兴建,罚款,没收充公(内科学)。

1724 年,重新提出这条法令,它们在界标之间加入了绿化"庭院"。高尚阶层争相涌入这些市郊,人们唯恐市中心遭到遗弃(内科学)。

拿破仑一世修建了里沃利路:23 米宽,在当时是非常特殊的尺寸(过去的条例是:14 米、12 米、10 米、8 米、6 米)(外科学)。

1840 年。林荫大道诞生,科尔贝预期的结果。城市生活史的事件(内科学)。

1842 年。车站出现。圣拉榭荷车站(外科学)。

1847 年。巴黎旧城墙的防御工事,巴黎最后的围墙,250 米宽的保护区域(内科学)。

车站的建设地点颇具偶然性。没有人意识到它将成为城市的新大门。没有任何重要的林荫大道通向它。

此后不得不修正一番(外科学)。

1853 年。奥斯曼被任命为塞纳省的行政首长。

奥斯曼的区划是完全随意的;它们并非城市规划的精确结论。这是财政与军事方面的措施(外科学)。

拿破仑三世修建了布瓦(Bois)大道(120 米宽,笔直的长度:1300 米)(内科学)。

7 米的道路被 24 米或甚至更宽的道路所取代(外科学)。

原有 141 公里的人行道变成了 1290 公里;64 公里的林荫大道变成了 112 公里。植栽树木由 5 万棵增至 9.5 万棵。

诸如此类。

*
* *

为巴黎捐赠了一条以自己名字命名的 9 米宽道路的黎塞留(Richelieu),被指责为狂妄自大(外科学)。

开凿塞巴斯托伯勒（Sébastopol）大道的奥斯曼被指责为在巴黎市中心开辟了一处荒漠之地且将城市分割成了两半（外科学）。

勒诺特尔大道，杜勒丽花园一景

勒诺特尔在控制着杜勒丽花园西侧的树林中开凿出一条通向山顶的宽阔林荫大道，后来变成了举世闻名的香榭丽舍大道，巴黎当前的荣耀所在，这是唯一一条真正对交通运输具有实质性帮助的林荫大道（18世纪的雕刻艺术显示出这条植满树木的大道是极为动人的；让人感觉到这真是创造精神与先见之明的结晶）。

18 世纪的规划显示出组织者之伟大。

1728 年［阿贝计划（Abbé）］规划了一些新的林荫大道［蒙巴尔纳斯（Montparnasse）大道、蒙鲁日（Montrouge）大道］，全部穿过蔬菜种植区。道路网现在仍存于大郊区，随意性的道路线几乎全是驴行之道般地被慢慢地建立起来的（第 1 章）。但一些直线形的大道，"先进的"道路，表明了一种意愿：万塞讷大道和特罗纳广场（Trône）、圣莫尔大道（Saint-Maur）、通往犹太城（Villejuif）的枫丹白露大道（Fontainebleau）、圣但尼大道（Saint-Denis）、讷伊大道（Neuilly）（形成从杜勒丽花园到塞纳河的一条 6 公里长的直线）；规划了 100～500 米宽绿化带的星辰大道的开工修正了方向。布洛涅森林于 1731 年做出规划［鲁赛勒（Roussel）计划］；蒙鲁日公园（Montrouge）。伤残军人院的广场完工。1760 年真的令人印象深刻［罗贝尔·德·沃贡迪计划（Robert de Vaugondy）］，大工程被执行，市政官员们真是深谋远虑。当然也是庞大的开支。然而两个世纪前在荒地上所兴建的这些大手笔工程（几何学），却构成了今日巴黎极为重要的器官。

此刻，路易十五广场［协和广场（Concorde）］已完成而宫殿正在兴建之中。卢浮宫的那个角落变得愈来愈尴尬。大型下水道正在兴建之中。到处都在兴建长长的直线道路（尽管彼此之间并没有多少联系）。1763年，巴黎军校和战神校场（Champ de Mars）大长廊的兴建联系了塞纳河畔；整个学校地区的规模约为斯德岛（Cité）的4～5倍。1775年［雅约计划（J. -B. Jaillot）］的新林荫道，将成为后来的拉戈大道（Arago）、贝尔福德里翁圆形广场（rond-point du Lion de Belfort）、蒙巴尔纳斯（Montparnasse）等。萨尔贝特里耶（Salpêtrière）建成。巴黎的居住区发生了变迁：圣多明尼克路（Saint-Dominique）、瓦莱纳（Varennes）路、大学路（Université）和波旁路（Bourbon）出现了联排住宅。1791年［维尔尼盖计划（Verniquet）］，皇宫（Palais-Royal）重建，卢浮宫周围都是污淫不堪的建筑物，旺多姆广场的两端都被堵塞着。因此兴建外部林荫大道并植树；兴建英式的蒙梭公园（Monceau）。兴建波旁皇宫（Palais-Bourbon）与其附属建筑，以及路易十六大桥（协和大桥）。

18世纪所开展的工程项目着实令人印象深刻；一旦有来自外省的"驴行之道"汇集至巴黎中心，人们便予以制止，兴建那种经过规划的直线道路，穿越耕地、森林和郊区居民点。有魄力的外科手术，其结果是为下个世纪规模更加庞大的城市建立了骨架。巴黎尚未到60万人；尽管如此，人们还是设计出了能够为下一个世纪的城市所服务的直线道路：400万居民。只有几条大规模的交通运输道路是为4轮华丽马车大亨所准备的！[1] 深谋远虑，有魄力和自豪感的杰出范例，引导着人们的行动并拯救了城市。如果是城市景观学家的那种畏缩与天真态度，而城市却保持着规律性的持续成长，怎么能够帮助城市再维持上百年的时间呢？

同样在这个伟大的世纪里，人们也关心早已衰败的巴黎市中心的重建问题。许多重要的竞赛，邀请了如鲍弗朗（Boffran）、塞尔瓦多尼

---

1. 路易十四统治时期巴黎有310辆四轮华丽马车；今天却有25万辆汽车，大部分的速度是它们的10倍以上！！

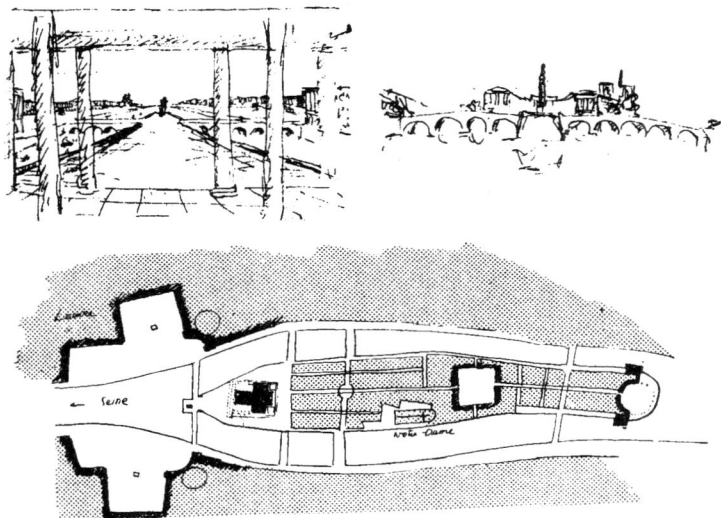

巴特（Patte）设计。斯德岛发生了彻底的转变。只有圣母院被保留。斯德岛和圣路易岛被设计成了独特的建筑形态。在新桥的对面，修建了与卢浮宫柱廊相称的联系场所

（Servandoni）、苏富洛（Soufflot）等，目标都是为了打通城市，为其开膛剖腹；在庞杂的狭窄道路中仔细寻找开敞空间建设的可能性。选取塞纳河作为这项计划的轴线，因为它是自由的空间。人们希望将其打造成纪念性建筑：河堤、宫殿、广场、纪念碑、喷泉等。

　　人们勇于重建。此即外科学。

　　人们以城市美化运动为名，继续对整个巴黎的地表实施重建：图尔农（Tournon）十字路口（直径 160 米）；布锡十字路口（150 米）；圣日耳曼罗塞洛瓦（Saint-Germain-l'Auxerrois）的拆除（180 米×130 米的广场）等。

　　对自由的真正需求导致了旧建筑物的拆除和开敞空间的产生：林荫大道，街景透视，——同时，在建筑美学方面废除了挑头及尖锐的山墙，甚至希望对大教堂实施重建（人们是如此讨厌散乱与混杂的外形）。一切都在瞬间产生，源自在所有领域均达到高潮的思想状态的作用结果［帕斯卡（Pascal）、伏尔泰（Voltaire）、卢梭（Rousseau）、布隆戴尔

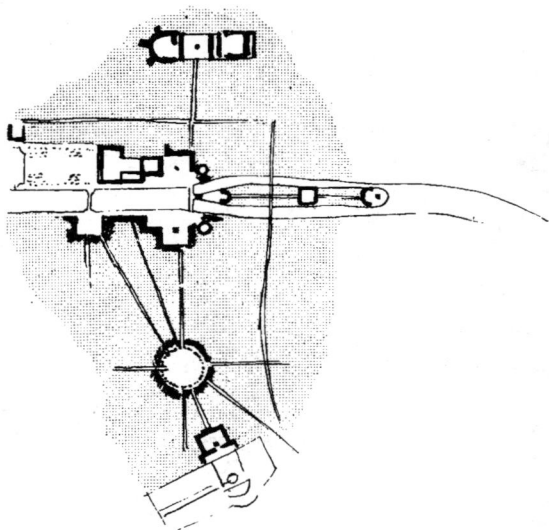

18 世纪：塞纳河规划；布锡（Bucy）十字路口与中央市场（Halles）的
兴建。混乱局面已令人难以忍受，因而兴建直线道路

（Blondel）、芒萨尔（Mansart）、加布里埃尔（Gabriel）、苏富洛（Souf-
flot）]。事实上，在这些完全的君主时期里，思想的自由力量已经显现，
而大革命也迫在眉睫：外科学。

历史源源不断地为我们提供富有力量的忠告。深谋远虑并加以控
制：内科学和外科学。在任何情况下，都需要清晰的头脑和坚定的
意志。

今日之巴黎——大体上而言——不再有马匹，但却有 25 万辆 10 倍
于马匹速度的汽车疾驶在马路上。多亏了科尔贝和罗伊（Roys），他们
在平静的年代里事先为我们预备了这些成为独特的交通干道系统的林荫
大道。

汽车已经出现了，紧接着是飞机、铁路，如果只会留恋于奢华却也
腐朽的旧时代遗产，这难道不是一种精神的衰退吗？

当代的法郎只值 5 分的旧法郎。我们所继承的城市壮丽美景是贬值
了的法郎；汽车将其价值降低为 1/10，而人口已增加了 10 倍；我们的
遗产似乎并不能满足于我们的需求。

　　然而我们似乎已经到了这种地步,只会满足于对乡村传统村舍的赞美。我们拒绝对已经走向我们的事件进行深入认知。既非内科学(即深谋远虑),也非外科学(即果断决定)。城市走向了死胡同,因为我们只专注于它的一些微小乐趣,但是它的心肺已病入膏肓且处于垂死的边缘。

＊＊＊

　　继路易十四、路易十五、路易十六和拿破仑一世之后,奥斯曼在巴黎市中心,一个令任何理智之人都无法忍受的巴黎的市中心,毫不留情地挖掘。大体上可以讲,奥斯曼挖掘得愈多,他赚的钱就愈多;在巴黎挖掘的同时,他也填满了他的君王财库。这个对各种不同意见和叫嚣都充耳不闻的人,只关心以豪华的 6 层住宅取代肮脏不堪的 6 层大楼,将恶劣的地区转变为杰出的社区。如果他跑到郊区去建造林荫大道,那他就会破产了。正因为他是在巴黎市中心开挖,成效才能够如此显著。

　　……在这项获利颇厚的外科手术 50 年之后,今日之巴黎已无法继续生存,无法继续维持其生死攸关的心脏系统,因为奥斯曼和之前的几位意志坚强之人,在挖掘的同时也深谋远虑地给这个城市下了猛药。

　　想像一下这个大规模的诱捕行动吧,成千上万的兔子被引入终将被困、被逮的狭窄小道所构成的陷阱里:然而,在这个可怕的陷阱里有条大水沟,兔子不得不奋力前冲以不至于被逮住——立即被逮住。所有的兔子都急匆匆地冲进了大水沟,真是一拥而上啊!

　　大城市是陷阱而汽车则是兔子。大水沟是科尔贝、拿破仑一世或奥斯曼。最终,这些兔子还是全都被困住了。

　　一言以蔽之,直到 1900 年时,我们都还没有想到、体会到这种突如其来的现象:先是汽车,然后是飞机。铁路早已造成了骚动;人们只不过是为了满足当代的需求而已。

　　如今的我们身处于充斥着机械化的时代,充斥着速度的时代,但是却消耗在建造那种仅适合郊区散步的曲线道路上。在城市里,主管部门要求我们降低建筑物的允许高度……

　　而机械化发展现象则持续地施展着其威力。

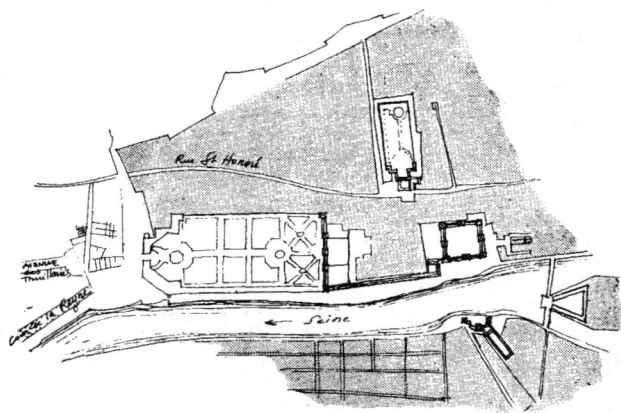

里沃利路开掘，卢浮宫摆脱了束缚

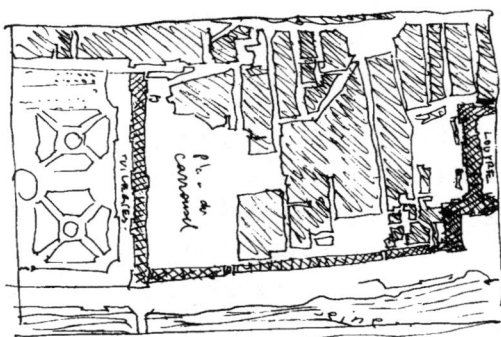

卢浮宫获得了解放

桥周围的房屋被清除

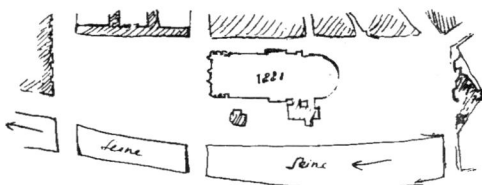

1881 年

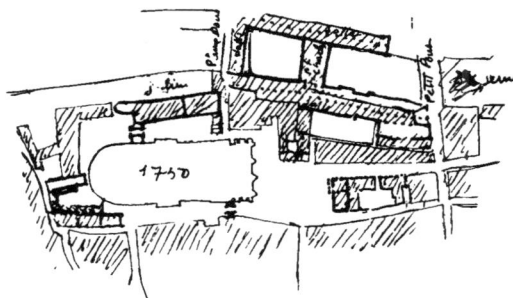

1750 年

1550 年

圣母院得到了解救，所有的建筑均拆毁重建

*
*　*

外科学

我是 1925 年斯特拉斯堡（Strasbourg）城市发展规划国际竞赛的评委之一。我们看见许多依据现状情况（入口公路、邻近村落等）而提出的规划方案，并建议对这些在偶然条件下产生的现状要素加以扩大。实际上，这些全都是现代城市规划的理论，这也是极为普遍的做法：妥协。

这种观念很容易理解；它们遵循常理，一个真实而可靠的感觉。一种现实而又健康、实际而又积极的精神，值得赞扬。

也有一些作品遵循一种大胆而独创的做法，但是我们却认为它们是鲁莽的、乌托邦的、无法实现的——不切实际的作品。人们只是消遣娱乐一下了事，觉得它们就像那些永远无法实现的海市蜃楼、梦想的极乐世界一样。现实而又健康、实际而又积极的精神很快地挣脱了起初微不足道的感觉并果断地转移了注意力。

在第一天早上大致看过所有的作品之后，评审团驱车前往附近的乡村，沿着穿越田野、森林和如城市前哨般的村落的公路。

我的司机代表斯特拉斯堡商会（Chamber de Commerce de Strasbourg）和评审团同行。他因项目所需被很自然地接受。他在我们穿越村落的大马路的时候说："您知道就因为这是一条弯曲的道路我们不得不减缓多少速度吗？"穿越森林时有几段笔直的道路，他"踩足了油门"，神情似乎很是愉快。那儿（平原上）的道路蜿蜒曲折，他紧握着方向盘谨慎驾驶："这些弯弯曲曲的道路真是令人讨厌！"我请他将车子停在一条能够俯视拿破仑一世所建造之沟渠的桥上。"这条沟渠笔直地穿越了全国。这种直线在混乱的地势中显得令人印象深刻；这是人类的作品。十分令人感动。在这个混乱无序的场景之中充满了绝对的诗意。"更远处："注意看那条铁路，它是直的，完全笔直的，意识到它的旨意：我们感受到人类的意志；这是一项证明。"更远处："这个港口井然有序。真漂亮！让我们沉默片刻，港口井然有序是因为它已经解决了所存在的问题。"

我们穿过了纽道夫（Neudorf，斯特拉斯堡南部一个重要的居民点）："您看，有人说在这里只需要画出一些曲线来拓宽道路就够了。既经济又令人满意——您的速度慢了很多，我这样回答他，要注意啊。为了节省经费，您只拓宽了一边；您附近的所有居民都将遭受强制征用土地；他们意识到自己的土地即将被修建成一条交通运输道路：他们将会要求极高的补偿金额。如果您笔直地修建道路，和拓宽曲线道路的费用将是一样的；但是除此之外，您看看这些房屋背后的平地；开辟一条笔直的大道，您只需要支付通常的草地或马铃薯地的费用。"（我口头补充了下面这张小插图的说明）可是一位在场的建筑师却插话说："您的直线道路是无止境的；在上面开车会让我们无聊死！"我十分惊讶："您有一辆汽车却还是这样说？仔细想想吧，先生，这事将关系到未来的商业新城和未来的大型港口的交通联系问题；必须让汽车能够笔直地行驶。"当我们重新开始评审作品时，在所有陈旧信念（现实性、实用性、寻常观念，就像我们习惯说的一样）中摇摆的我的司机似乎成了一个全新的人。慢慢地陆续对作品进行评审的过程中，我们深深地感觉到我们正在担负着一份极为重要且十分严肃的任务："您想想，最近几天我经常对我的同行们说，50 年后当人们回想起这些作品时，人们会说：那些从巴黎来的人，在短短的几天之内就决定了斯特拉斯堡市的前途命运，斯特拉斯堡市未来的所有生活。我们可以做得很棒或很差。汽车在 50 年后将会发展得怎么样呢？我们无法转而支持妥协的解决办法，我们真的无法放弃直线。想像这些拓宽的弯曲汽车道路，这些弯曲的驴行之道，在50 年后将会变成什么样子！如果必须开挖，那就开挖啊，而且事实上，我们都只不过是穿越农场或是穿越一般性的郊区开挖而已。拿破仑规划了笔直的渠道，因为他是一位组织者；工程师建造了几何形的港口船坞，因为人类通过几何形表现自我意识。奥斯曼规划了笔直的林荫大道，因为他是一位缺乏诗意且实际的人。路易十六与路易十五规划了笔直的林荫大道，因为他们是唯美主义者，并且希望通过他们崇高的功绩来实现其统治。沃邦（Vauban）规划了几何形的城堡，因为他是一位军人……"

组织，就是创造几何形态；在大自然里或是在城市聚居地那种自然混乱之中创造几何形，此即外科学。

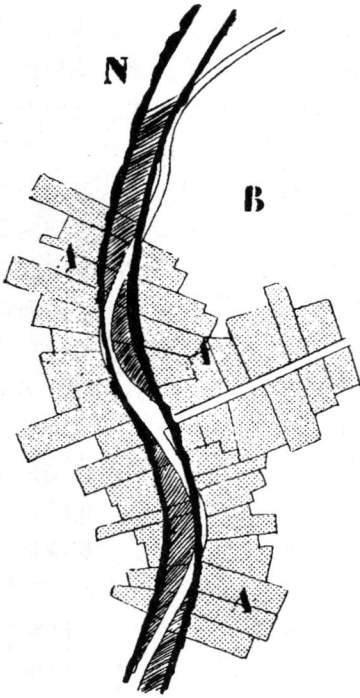

该方案中几乎所有的屋主都要受到土地征用的影响；道路仍旧是弯曲的

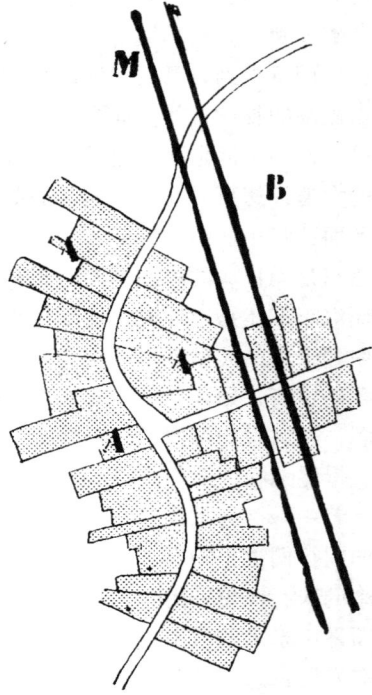

该方案中几乎很少受到土地征用的影响；道路是笔直的

"人们画出直线，填补坑洞，平整场地，结果是走向了虚无主义……"

（一位主持城市扩张计划委员会的重要官员愤怒地斥责。）

我回应道：

"很抱歉，但确切地说，这才是人类的工作。"

（真实事件）

——选自《非和谐》（Cacophonie）档案

baron Haussmann. Enfin, il verse quelques pleurs de convenance sur ce coin du boulevard qui va disparaître.

M. Adrien Oudin, représentant du quartier de la Chaussée-d'Antin, a dit en son nom et en celui de M. Pointel, qui représente le quartier voisin, combien il était heureux de voir enfin se réaliser le grand projet qui doit embellir ce coin de Paris et lui donner de l'air. Il fait remarquer, d'ailleurs, que ces démolitions, depuis longtemps prévues, ne léseront aucun locataire ; les immeubles sont vieux et délabrés, certains même ont dû être évacués par mesure de sécurité.

Enfin, M. Bauer, au nom de la société du boulevard Haussmann, a remercié les représentants de la Ville d'avoir bien voulu se prêter à cette cérémonie qui marque une date dans l'histoire de la capitale.

M. Louis Peuch, le préfet et leur suite

Paroles pourtant officielles .....

……此外必须注意，这些准备已久的拆除行动将不会危及任何一位房主；房屋已过于陈旧且破烂不堪，其中一些甚至必须采取安全措施才能加以拆除。

最后，波耶先生，以奥斯曼大道协会的名义，向广大市民代表对于此项在首都发展历史中的重要举措的支持表示感谢。

一切均为官方说法……

第 15 章 巴黎市中心

巴黎"瓦赞规划"（Plan Voisin）[1] 中包含了两种必要的新元素的创造：商业新城与住宅新城。

商业新城的范围是巴黎市中非常破旧和污浊的 240 公顷用地——从共和广场（République）到卢浮宫路（Louvre），从东站（gare de l'Est）到里沃利路（Rivoli）。

---

1. 汽车已经扰乱了城市规划的传统观念，既然装饰艺术国际博览会中新精神馆的兴建目的是为了研究现代城市规划中的居住问题，于是我构思了能够引起汽车制造商兴趣的规划方案。

我会见了标致公司（Peugeot）、雪铁龙公司（Citroën）和瓦赞公司（Voisin）的负责人并告诉他们：

"汽车已经扼杀了大城市。"

"汽车必须拯救起大城市。"

"您愿意赋予巴黎一个《巴黎标致、雪铁龙、瓦赞规划》吗？该规划的唯一目标是集中力量研究当代的真正建筑问题，这些问题并非装饰艺术，而属于建筑学与城市规划的领域：针对机械化发展而导致的居住生活条件的巨大变化，研究创造出健全的居住单元和城市机制？

标致公司担心我们如此大胆莽的计划存在着有损公司名誉的风险。

雪铁龙公司的老板非常亲切地回答我说，他完全听不懂我的问题，并且不知道汽车同巴黎市中心问题之间能有什么关系。

瓦赞公司的董事代表蒙热尔蒙（M. Mongermon）先生毫不犹豫地就接受了对巴黎市中心改建规划研究项目的赞助，于是此后所作的规划研究便被命名为巴黎"瓦赞规划"。

住宅新城的范围从金字塔路（Pyramides）一直延伸至香榭丽舍圆形广场（rond-point Champs-Élysées），由圣拉撒尔车站（Saint-Lazare）至里沃利路，对过度拥挤的社区加以拆除并建设中产阶级住房，供今日作办公室使用。

巴黎装饰艺术博览会中"新精神馆"的城市规划展位。底部是巴黎"瓦赞规划"和交通运输、住宅社区、新式大楼等方面的研究。右侧是 300 万居民的现代城市透视图；左侧是巴黎"瓦赞规划"的透视图（图幅分别为 80 平方米和 60 平方米）

中央车站位于商业新城与住宅新城之间。它位于地下。

巴黎市中心新规划的主轴线由东至西，由万塞讷至勒瓦卢瓦 – 佩雷（Levallois-Perret）。它对一条必不可少的、但今天却已不复存在的横向主干道予以复建。它是供大规模交通运输的主要交通要道，宽 120 米，规划有供汽车单向行驶的高架道路。这条交通主干道可以达到疏散香榭丽舍大道交通的效果；事实上，香榭丽舍大道已无法继续成为大规模交通运输的道路，因为它通往一个尽端式的地方：杜勒丽花园。[1]

---

1. 最近有计划提出延续香榭丽舍大道、经杜勒丽花园一直到杜勒丽路的捷径小路，真是荒谬，这一路线一方面脱离了今天早已拥堵不堪的里沃利路和金字塔路，另一方面却又通向交通完全阻塞的皇桥（Pont Royal）。皇桥连接了 11 ~ 13 米宽的德巴克路（rue du Bac），德巴克路的交通运输压力促使其必须改为单行道。到底是谁想出了如此荒谬的想法呢？

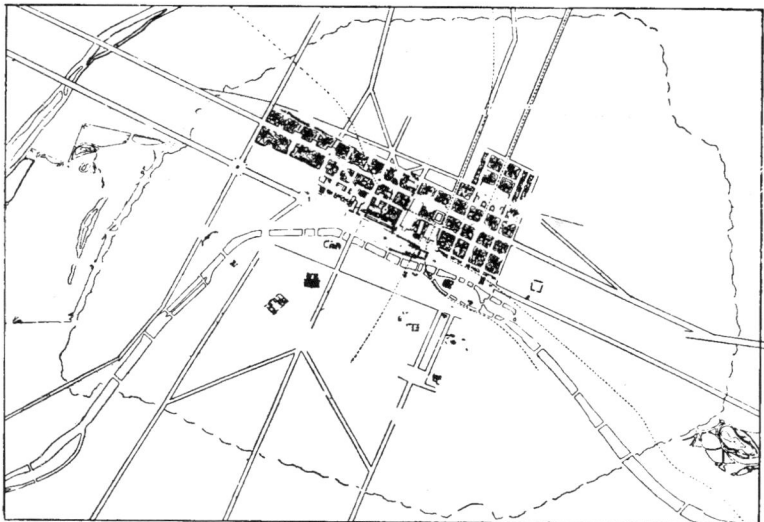

1922 年。巴黎市中心规划的首份方案草图

（秋季沙龙展出）

　　巴黎"瓦赞规划"维持了市中心的永久性位置。在前一章中我曾讲过，事实上我们无法移动大城市里备受限制的市中心，无法在旧城市旁边重新创造新的城市。[1]

　　这个规划致力于解决最恶劣的社区、最狭隘的道路；它并不力求"适当化"，在交通干道拥堵的强烈推动之下四处想方设法腾出寸土。不是这样的。它是在巴黎的一些战略要地上开辟出一个绝佳的交通网络。在那里，7 米、9 米或 11 米的道路全部被调整为 20 米、30 米或 50 米，它的目标是建立 50 米、80 米和 120 米宽的道路和 350 米或 400 米的街区，并在其所创造出的庞大街区的中央安置十字形平面的摩天大楼，它创造了一个垂直发展的城市，一个抬起地上被压坏了的基本单元、将其托离地面并安置于空气和阳光之中的垂直城市。

　　那种水平发展且拥挤混乱的城市，如果是从飞机上第一眼望见，我们将会惊慌失措（可参考法国航空公司的照片），此后取而代之的将是一个

　　1..在文艺复兴时代，新城市曾经建造于旧城市的旁边。原因完全是出于军事上的考量；旧城市规模很小，且对旧中心的改建无所收获。

1925 年。巴黎市中心速写

垂直耸立于阳光空气之中且绽放着绚丽光芒的城市。在新的城市中，目前
占地 70%～80% 的房屋面积将只占 5% 的用地。其余 95% 的用地将供大规
模交通道路、停车场和公园等使用。林荫大道将是目前的 2 倍或 4 倍；实
际上，摩天大楼下方的公园使得整个新城市变成了一座大型的公园。

　　被"瓦赞规划"牺牲掉的老社区的高密度并没有减少。它反而增加
了 4 倍。

　　摒弃了糟糕的、密度为 800 个居民/公顷的可怕社区[1]，取而代之的
是密度可达 3500 个居民/公顷的新型社区。

　　我希望读者朋友们能够运用一下您们的想像力，想像一下这种新型垂
直城市的具体模样；您会看到，目前犹如枯燥的面包皮般在地表上纠缠的
所有庞杂都已被清除，取而代之的是高达 200 米、彼此的间距极为辽阔且
下方还环绕着绿树成荫的玻璃晶体。这个至今仍匍匐爬行的城市，突然耸
立于最自然的秩序中，瞬间超越了我们被数百年的习惯所局限的想像力。
在巴黎装饰艺术国际博览会的"瓦赞规划"展览中，我为新精神馆绘制
了一幅透视图，目的是对这个目前在我们的脑海中尚未有所准备的新事物
加以具体化、视觉化。在这幅严谨地加以绘制的透视图上，我们能看到从
巴黎圣母院到星辰广场这一地区作为古老巴黎不可剥夺的宝贵遗产的纪念
性建筑物将继续存在。这一地区的后面，可看到一座新城市被建立起来。
这将不再是引发人们的错觉，不再是彼此紧贴且互相阻隔阳光和空气的曼
哈顿中的塔楼；而是通过透视效果延伸至远方并决定了纯粹的垂直体量的

---

　　1. 读者朋友们，敬请在"瓦赞规划"构想的所选择的地块里散步一天一夜；您就会明白
了。

宏伟节奏。这些玻璃摩天大楼彼此建立在实与虚的关系之中。它们的底部形成了广场。城市如同所有建筑作品一般地恢复了秩序。城市规划加入了建筑学，建筑学加入了城市规划。如果我们仔细观察巴黎"瓦赞规划"，我们会在西侧和西南方向看到路易十四、路易十五及拿破仑所作的规划：荣军院、杜勒丽花园、协和广场、战神校场与星辰广场。我们感受着他们的创造、支配和征服混乱之精神。商业新城在那里并不会显得古怪；它令人感觉身处于传统之中并追求着正常的进步。

自战争以来就四处追逐栖身之处的"商业"，在现行的巴黎中什么也没找到。我们慢慢地为其兴建我所建议的摩天大楼。办公室是与住宅完全不同的精密机器。工作时需要的场所如劳动工具一般。"瓦赞规划"的商业新城建立了一个既精确可行又形式化且循规蹈矩的提议，提供了全国的一个指挥中枢。根据逻辑推论，法国的首都巴黎，必须在 20 世纪建立起其领导地位。这一分析似乎正引导着我们目前所提出的一个理性提议。每栋摩天大楼可以容纳 2 万~4 万名员工。所规划的 18 栋摩天大楼因此可以容纳 50 万~70 万名员工，全国的商业指挥部队。

格网状的地铁位于摩天大楼的下方；地铁和汽车道路将是这群人便捷交通的必需品。

东站的铁路线上面是一条混凝土的高架汽车道路。这条北向的主要交通干线建立在一些或多或少的未开发用地上。

南向的主要交通干线可从位于商业新城与住宅新城之间的新中央车站出发。

目前完全缺乏的东西向主要交通干线将是一个可以对现行多边形路网不堪负荷的交通运输加以疏导的选择途径。这条交通干线将使我们摆脱掉一个自我封闭的系统，并打通两极对外开放的大门。

位于新车站西侧的住宅新城将为巴黎市中心提供通风良好的社区，耸立着 30~40 米高的行政指挥中枢：政府部门聚集于此。会议室、聚会室，然后是娱乐室。最后是旅行者的大旅馆。

中央车站对于 1922 年所提出的尽端式铁路系统进行了相当多的改进。如今它们成为了一个环线系统。东、西、南、北四个大月台是现行的——或改变过的——旅客上下的地方；火车只负责运输，它们抵达、装载并朝单一方向继续行使。

这些房子大都是 7 层楼高

　　这是但丁第 7 层地狱的景象吗？不是的。唉，这是上千居民可怕的住所。巴黎市政府并没有这些照片资料。整个景象如同致命的打击。当我们漫步其中时，我们处于道路的迷宫之中，我们的眼睛陶醉于这些崎岖的秀丽景致中，过去的回忆突然涌现⋯⋯结核病、伤风败俗、贫瘠、羞耻恶毒地获得了胜利。"旧巴黎委员会"正检查着锻铁呢

　　前一张图片提供了档案街地区的鸟瞰图。这张图片展示的则是香榭丽舍大道地区。第二张图比第一张图有所改观。但这两幅图都是自由放任与机会化的结果。令人失望的景象。冒犯了新精神的旧事实（图片为法国航空公司所有）

巴黎"瓦赞规划"的透视

*
* *

巴黎"瓦赞规划"和历史

　　代表过去历史的世界文化遗产受到相当大的尊重。不仅如此，它还受到了拯救。现行危机状态的持续将导致这些历史遗迹的迅速毁灭。

　　首先的差别是感觉的秩序，非常重要：今天，这些历史遗迹已枯萎于我们的精神之中；因为它被迫参与了现代生活，使它陷入了虚伪的环境之中。我能梦想到空荡、孤单、沉默的协和广场以及变成了步行道的香榭丽舍大道。"瓦赞规划"解放了从圣热尔维（Saint-Gervais）到星辰广场这一带的破旧街区，并且恢复了它的稳定。

　　马莱区、档案街、圣殿街等地区将被拆除。但是古老的教堂将受到保护。[1] 它们将出现在青葱翠绿之中；没有比这更吸引人的！如果因此而必须承认它们的原始肌理将遭改变，那么也必须承认它们目前的肌理是错误、悲惨且丑陋的。

　　我们也从"瓦赞规划"中看到了绿叶簇拥的新公园，如此出色的石

---

　　1. 这并非我们企图的目标，纯粹只是建筑构成的结果罢了。

示于装饰艺术博览会的"新精神馆"之中）

料，如此的拱廊，如此精心保存的柱廊，因为它们都是历史的一页或是艺术的作品。

　　草坪中矗立着雅致、讨人喜欢的文艺复兴时期的大楼。这是一栋人们保存或搬运过来的遗址大楼；目前是一座图书馆、阅览室、会议室等。

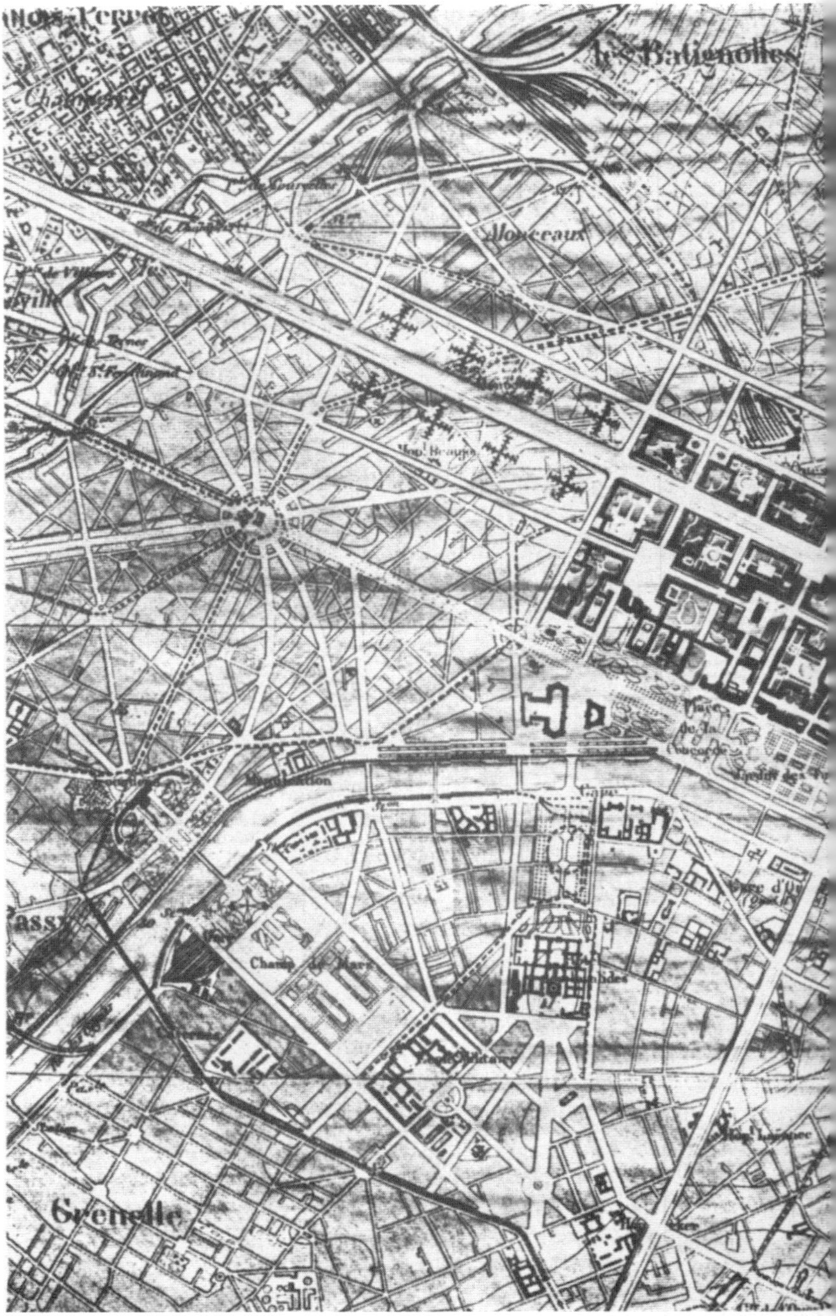
Batignolles
Monceaux
Champ de Mars
Grenelle

巴黎"瓦赞规划"（展示于装饰艺术国际博览会的"新精神馆"之中）

　　"瓦赞规划"的大楼覆盖了 5% 的土地面积，维护过去的遗迹，并将其置于和谐的背景之中：灌木林、乔木林。对了，任何东西总有一天都会死掉的，而这座"蒙梭式"公园是保养良好而雅致的墓园。我们在那里自我教育、我们在那里幻想、我们在那里喘息：过去不再是扼杀生命的有害之举。

　　"瓦赞规划"并不旨在为巴黎市中心提供十分具体的最终解决方案。但它有利于引发符合时代精神的讨论并提出正确范畴内的问题。它以它的原则，对抗那些正日复一日地扰乱我们精神的无关紧要之举措。

美国：与巴黎"瓦赞规划"的建议完全相反

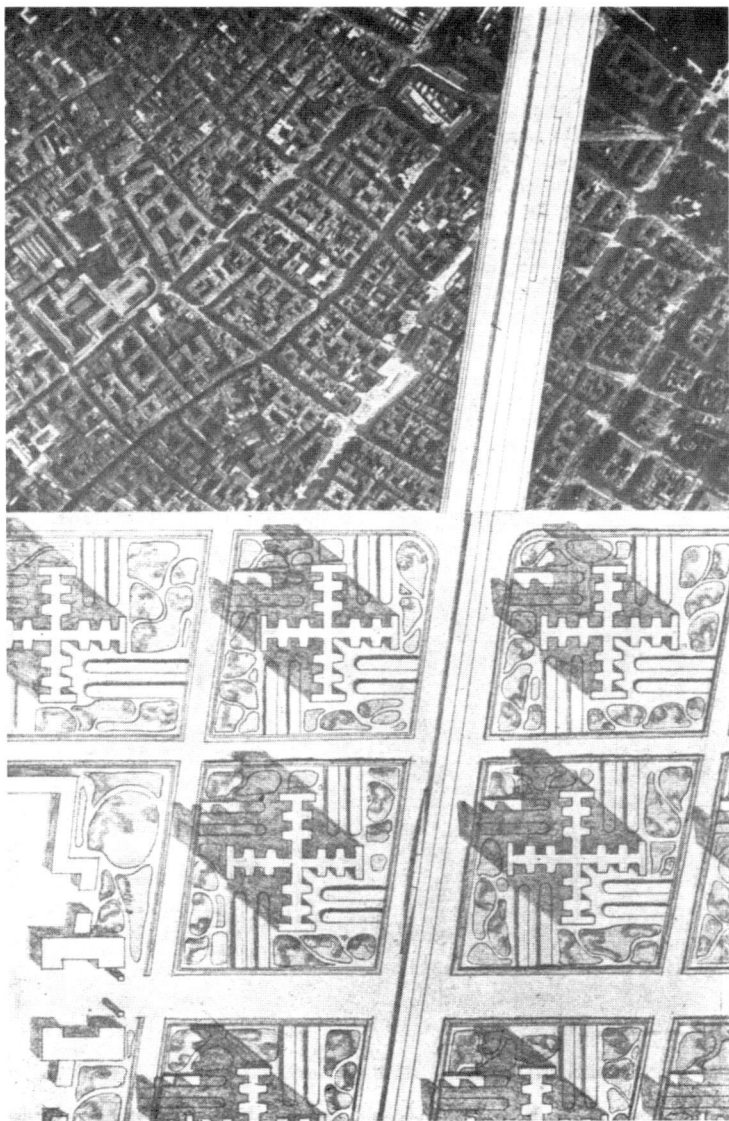

　　此即巴黎"瓦赞规划"所建议的土地利用方案。此即我们建议拆除的地区以及规划在其原址上兴建的内容（两张平面图的尺寸相同）

"您上哪儿筹集资金呢？"

（自 1922 年以来，一个老掉牙的问题）

PARIS ATTEND DE L'ÉPOQUE :

LE SAUVETAGE DE SA VIE MENACÉE
LA SAUVEGARDE DE SON BEAU PASSÉ
LA MANIFESTATION MAGNIFIQUE ET
PUISSANTE DE L'ESPRIT DU XX° SIÈCLE

Des quartiers entiers ne sont plus que de la pourriture, des foyers de maladie, de tristesse, de démoralisation. Une grande opération financière semblable sur une échelle infiniment plus vaste, à celle d'Haussmann, apporterait à la ville des bénéfices financiers énormes (se souvenir qu'Haussmann construisit des maisons à six étages à la place de maisons de six étages, et qu'aujourd'hui, on peut construire des maisons de soixante ou de douze étages à la place de maisons de six étages).

Manifeste accompagnant le Diorama du Salon d'Automne de 1922.

巴黎期盼着新纪元

挽救它濒危的生命

保护它美好的过去

20 世纪精神的呼唤

所有社区只剩下了那种腐朽、疾病、悲伤及令人气馁的房屋。一项类似于奥斯曼计划但较之更大规模的财务行动计划，将为城市带来巨大的财富（回想当初奥斯曼只能兴建 6 层的房屋，而如今我们已可以兴建 60 层或 12 层的大楼来取代 6 层房屋）

1922 年秋季沙龙《透视图》所附宣言

第 16 章　财政与实施

当我写这本书的时候，原计划将这一章内容托付给一位经济学家——例如弗朗西斯·德莱西先生（M. Francis Delaisi）——我作为建筑师的研究结论必须得到财政方面无可争议的确认。日常琐事的限制和局势发展的迅猛致使我一天天地错过了及时准备好必要资料的时机。现在已经到了出版社要求的交稿时间了，可这一章却还没有任何的具体数字。

我想请教于经济学家的问题如下：

a）请您估算一下我的规划方案所影响到的土地资产价值。估算一下拆迁费用、社区重建和改善费用，以及这些重建后的新社区的新资产价值，比较其差异，建立一份运作利润的资料。

b）完成一份有可能成为新大楼的承租者—产权者的公司的评估统计资料。计算这些公司所能够筹集到的私有资本。对外募集资金之前首先确定总资产的差额（这项供公众使用的大型工程最好能由公众而不是作为"非使用者"的政府来负担）。研究这笔资金缺口能够从哪些国家募得，哪些国家能够为承包费用与土地开采、经营特许权提供良好的合作条件。

c）由于大量外资的投入，需研究诸多外国人成为巴黎的土地与房屋所有者将会给国家经济造成何种影响（法郎的增值、法郎的安全性等）。

关于规划方案的经济方面，我仅能作概略的说明，其余细节方面的深入探讨有赖于那些分析家、数学家和经济学家们的共同努力。下文我将仅就一些常识性问题加以讨论。毕竟，世界上的事物不都正是如此吗？每个人在自己的专业领域里努力解决最棘手和复杂的问题；尽管如此，必须首先确定大概的纲要，它在整体上而言意义重大，将能明确地促使我们继续在纲要所指出的方向上寻求具体的解决办法。

将巴黎市中心拆毁并实施重建的提议似乎只不过是一个没有乐趣的玩笑罢了。但是，如果不同的领域以及持续的逻辑推论都强烈地断言必须如此行动，那又将如何呢？难道不是必须挖掘市中心并往高处重建吗？

以下为"财政"与"实施"的推论：

大城市中心意味着最重要的土地价格。用（A）表示该价格。奥斯曼拆毁了巴黎腐朽的社区并以豪华的社区取而代之。奥斯曼的操作是财政方面的措施。奥斯曼用金币填满了君王的财库。就价格（A）而言，他赋予它 5 倍的价值，例如（A^5）。

但奥斯曼只是以豪华的 6 层楼取代了腐朽的 6 层楼房屋而已。因此他只是实现了品质方面的价值提升，并没有实现数量方面的价值提升。

然而，如果像他一样，我们把 800 个居民/公顷的市中心密度提高至 3300 个居民/公顷，我们就增加了 4 倍的新社区容量，其土地价值（A^5）也就变成了 4（A^5）。

结论。别再说："是的，不过……在土地征收与建设方面将需要花费多少资金啊，等等。"而应该这样说："这样的土地增值运作将会产生出多少的资金，会创造出多少的财富啊！"

只要完成一份出色的巴黎市中心规划，就可以提升其价值。

几十亿吗？很多很多；这么庞大的利润？这么多？这是借助电脑运算研究问题的经济学家所说的数字。这位经济学家当天立刻引起了财政部长的高度兴趣。

财政部长可以在巴黎市中心找到庞大的财政资源。

这是危险的投机事业略？并非如此；原因在于：

政府下令整体征用巴黎市中心时，地价为某一确定值，此值可由专家依照巴黎目前的地产情况评估得出，假定为地价（A）。通过建设商业新城，可将地价（A）提高至（A^5）；如果密度提高 4 倍的话，就是 4（A^5）。土地征收后的地价为地价 A 的 4 倍 ×5 倍。土地征收的赔偿不难支付，即使将土地增值的新地价降低至最低的可能值，显而易见，由于土地增值的利润空间如此庞大，甚至可以以最高的市场价格进行征地补偿；土地征收因此变得公平而迅速。

兴建 60 层大楼即可为我们带来这笔巨大的财富。

＊
＊　＊

谁来支付建设这些商业大楼的庞大费用呢？使用者。在巴黎有一大群人呢，他们将脱离位于马勒塞布大道（Malesherbes）、意大利大道（Italiens）、拉菲特大道（Laffitte）或普罗旺斯路（Provence）的资产阶级公寓，那些公寓完全违背了商业经营的泰勒原理。他们将成群结队地登记购买摩天大楼里 50、100、200、500 或 1000 平方米的办公室。使用者即为摩天大楼的所有者。

然而，由于尚处于事业发展的初期或是其他原因，很多人无法拥有足够的资金以成为摩天大楼的所有者。因此他们只能是承租人的身份，另一些人将在他们之前成为业主。

这另一些人是谁呢？国内已有一部分财政资源。其余一大部分则是在外国。开放外国人的参与？开放巴黎市中心大规模的土地和大楼、国家的财富和荣耀，给外国人，给美国人、英国人、日本人、德国人？

是的，正是如此。

将建造巴黎市中心庞大费用的一部分开放给外国人，这将是明智的安排。如果巨资而建的巴黎市中心玻璃大楼，其中一部分是属于美国、德国，不难想象，这将能阻止人们的摧毁，——利用远程导弹或轰炸战机。

这也许是避免空战的解决办法（很简单的事）：将巴黎国际化。美国人不会允许人们去摧毁它，德国人会避免自己去摧毁它。我们知道，大首都在制造大战争，向来如此。

把 20 层楼、175 米高和 200 米高的摩天大楼摆在巴黎市中心，并吸引外国资金的投资，这将是保护巴黎免于野蛮袭击的做法。

这可能会使军事部长倍感兴趣。

* *

"您不能再像奥斯曼时代那样破坏整个社区并驱赶居民了；让巴黎人口如此密集的中心地区在 3、4 或 5 年的时间里都是一片荒芜之地。"住房的危机会阻碍这项行动。

在我们的规划里，容纳 4 万名员工的摩天大楼仅覆盖了 5% 的土地面积。因此只会打扰到 5% 的现行人口。作为一项公益措施而言，这是一件完全可行的事 ［就把一些在大城市穴居的人派往花园新城吧，派 5% 的档案街、圣殿街、马莱区的居民去吧；4（A^5）的土地增值甚至还允许我们送给他们一栋小屋呢］。

竣工的摩天大楼只占 5% 的土地面积。兴建中的摩天大楼也不会占用更多的土地。它们用钢铁与玻璃兴建而成；它们不含石材；不需要从外省的采石场运送至巴黎市中心；它们依靠螺钉和铆钉规则地矗立起来；它们在工厂里制造，在巴黎附近甚至是外省的金属制造工厂里被成批制造出来。

3 年或 5 年之后，摩天大楼就将完工。接着就是搬家、迁入新居、办理产权手续了。人们纷纷搬进了不同社区里的摩天大楼；旧有的办公室闲置了；其他人也搬了进去，留下了他们的公寓，像这样陆陆续续地；我们可以清空围绕着摩天大楼的周围地区。我们拆除它们，然后规划道路和公园，然后植树。

公共建设工程的部长能够重新建立起巴黎市中心而不伤及任何一人。

*
*　*

　　我的职责在于技术方面。我试图扮演好这一角色，尽可能认真地研究必要且宜人的公寓基本单元和它们集体结集的结果；力图寻求一座城市的发展纲要并提出本身即为现代城市规划平衡状态下的基础性分类规则。通过深入了解人们已掌握的各种工具，我的调查给我提供出了大城市发展的方向，我以全然自由的新精神构思了一份大城市市中心的规划方案，同时留意不去冒犯旧时的一些正当思想，且予以尊重，除此之外，拯救过去的数世纪以来的文化遗产。

　　我的提议很激烈，因为城市的现状很是激烈，因为生活很是激烈；生活是冷酷无情的；生活必须进行自卫，死亡正窥视着它；为了击败死亡，行动是必须的。

　　我提出了一份战斗方案，凌驾于目前政府当局所发动的令人疲惫不堪的战斗之上，一份计划方案，亦即一份规划，一种精神的创造——无惧于懈怠和狭隘个案的激烈。我认为：一个机械化的社会已经取代了另一个数百年来一直处于平衡状态的社会。机械化将我们带入一个新的循环之中。我们被投入了一个新的循环之中，但是我们与旧器官的连续性依旧存在，存在于这个我们注定在此聚居的场所。我并不想把我的城市建造成乌托邦（Utopie）。我认为：就是现在了，未来不会有任何改变的。而如果说我之所以如此斩钉截铁地断言，那是因为我感受到了人类极限的存在：直说吧，除此之外我们没有任何其他的重建城市的力量，试试看吧。希望，来自于被迫的动力；如果守旧不化，将会贻误规划实施的良机。所以必须是现在。

　　如果我们考虑将巴黎市中心迁移到圣日耳曼昂莱（Saint-Germain-en-Laye）或是圣但尼平原（Plaine Saint-Denis）（因为这经常被提议），我已证实过技术上是不可能的。然而，在财务方面，代表着巨额国家财富的市中心将迅速贬值，这将会引起可怕的灾难。在这里，数十亿注定缩减为零；在那里，将耗尽数十亿用于规划建设一座新城市；我们专横且蛮不讲理地幻想一块几乎不值一文的土地会增值到极高的价格；瞬间内我们就将歼灭、摧毁掉巨大的财富。这样的不公正性和技术上的不可能性是经不起推论的。

　　我试着阐释基本原理，因为讨论总是逃避客观而激烈的现状，以至于进入哲学的沼泽，迷失、衰竭、崩溃、不着边际。我认为秩序是所有行动的关键，感觉则是所有行动的指南。

　　我的书里缺乏具体数字，这十分遗憾。我希望其他人，一位专家，能够完成它，问题已经提出了。数据强而有力，这点我承认。但数字不是正，就是负。我认定这里的数字必然是正的。同时也认定时候已到，因为果实总有一天会成熟的。城市规划的时候已到。如果我们没有意识到的话，将会怎么办？再继续等待？我们不能再等下去了。终究有必须决定的一刻。如果我们继续等待，人类及其根深蒂固的私心必将禁锢着她。即使某些私心得到了满足而城市也被重建，就在原来的基础上，就像它开始时那样，而我们将窒息在这一座错误的新城市里；城市即将没落；它即将消失，即将在历史中慢慢地消失。

　　那些位居决策中心的人们，整日都过于专注于特殊的情况。他们与冲突近距离接触，无法达成整体意识。我远离这些特殊情况；我与他们毫无关系也不打算有关系。我喜欢进行一种能达成纯粹理论的分析推论，而这种理论可引导我做出结论。

　　这种结论简洁、扼要、无悔；它导致了可实现的东西，尤其是它将辩论带上了有益的战场。

　　我并不觉得我已与传统决裂；我充分相信传统。所有过去伟大的作品一个又一个地证实了所有的精神状态均有其对应的事物状态。

　　这是一件应当交付给社会大众进行判断的事情：刻不容缓。

＊
＊　＊

　　我们很快地被指责为革命分子——在维持现状平衡和推动社会发展之间保持距离的惯用做法，即使有点谄媚但却十分有效。然而此种平衡，因为生死攸关的原因，注定只能是昙花一现；这将是一种不断更新的平衡。

　　相反地，自从俄国革命之后，我们和其他一些布尔什维克主义者常常被贴上革命的标签。那些没有做出任何选择或公然表达自己所支持党派的人们，都只不过是一些资产阶级和资本主义者以及那种自命不凡的人罢了。

　　不可避免地，我在 1922 年秋季沙龙所展出的城市规划方案受到了共产主义组织的关注。他们赞赏其中的一部分内容——技术方面——但他们也严厉地加以批评，因为平面图上并未标示出一些讲究排场的地点：人民会堂、工会总部等；同时也是因为我并没有将我的规划方案佩戴党旗：产权国有化。

　　我有责任不脱离技术的领域。我是建筑师，没有人会希望看到我在搞政治活动。在每个不同的领域里，解决办法都属于最严谨的专业领域里的最终推论。在我的平面上，我写着行政部门、公共部门，这就足够了。我在巴黎市中心的研究中提到："巴黎市中心的一般性土地征收法令"，同时提出我所主张的解决办法，说明只要达到 4（A^5）的资产增值就必然可以支付赔偿价格（A），因此并没有任何伤害，没有任何掠夺，没有造成任何产权者的破产。

　　经济与社会的进步只能是技术问题获得完满解决后之结果。

　　本项研究的目的仅仅在于尝试提出一套明确的解决办法：它的价值仅此而已。它没有党派色彩，它既不倾向于资产阶级所追求的资本主义社会，也不倾向于第三国际的无产阶级联盟。它仅仅是一份技术性的作品。

　　我不允许别人像救世主一样地想把我从公众路线的宣言中拉走。

　　我们无法在革命之中革命。我们只能在解决问题之中革命。

对伟大的城市学家充满敬意

　　这位独裁者构思了无数的事情并实现了它们。其光芒和荣耀照耀了整个国家。他知道说:"我想要!"或"这就是我的快乐。"

　　　　　　　　　　　　　[这并非"法兰西行动"(Action Francaise)的宣言]

附录

证实
激励
告诫

我完成我的研究了。

我的同事告诉我："为了让人深入思考，您何不附上一个完美的贝壳、一个心脏系统的图解、一个中央暖气设备的清晰剖面图……"

我购买的一些自然方面的书籍给我提供了证实、激励与告诫。令人欣慰的是，所有的一切都是绝对可行的；所有不可思议的设想都是经过仔细研究的。整体是由无限渺小的完美部分所组成的，它们本身就是一个整体，一个不可或缺的微缩体系。基本单元影响着整个体系；基本单元必须是纯粹之体系。整体只能依靠基本单元而生存。基本单元因存在于整体方得以施展其效力。

杰出存在于精准之中。持久存在于完美之中。生命是精确计算之结果。梦想必须依靠于不可或缺的现实。诗歌只能在真实性中被赋写。凭借真理，诗意才能展翅。只有真实才能令我们备受感动。

生命啊，生命！我们通过对事物本质的深入探寻而了解到了它的光辉。

秩序存在于个体之中，存在于线索之中。

随着个体数量的增加，其效果更加突出。

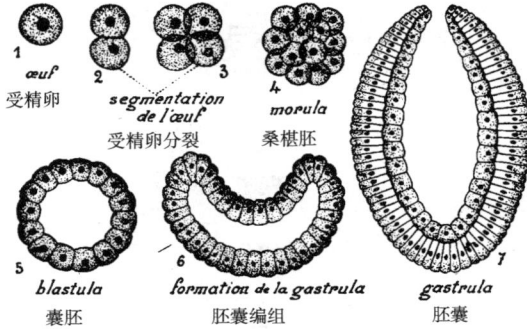

海绵（Éponge）从简单的受精卵开始的不断发展过程，图中 1～3 的放大倍率高于图中 4～7的放大倍率（显微镜下观察所见）

一个明确的原则造成了单纯的复杂性（进化）。

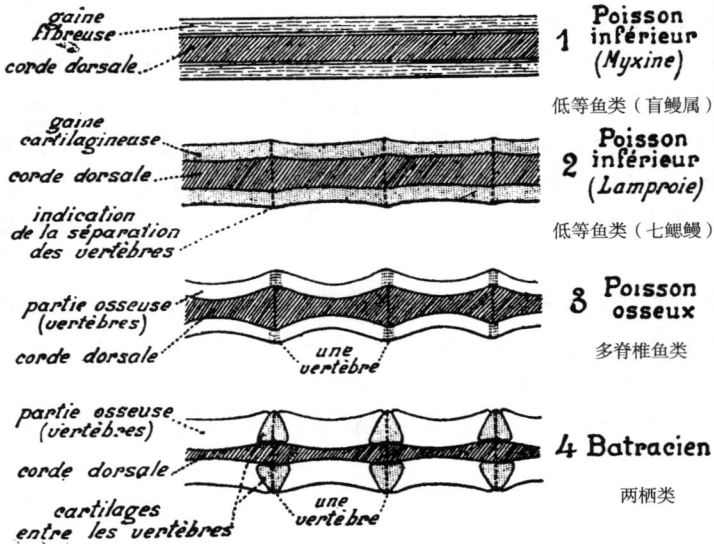

鱼类和两栖类动物愈来愈复杂的脊柱横切面

从简单到复杂。

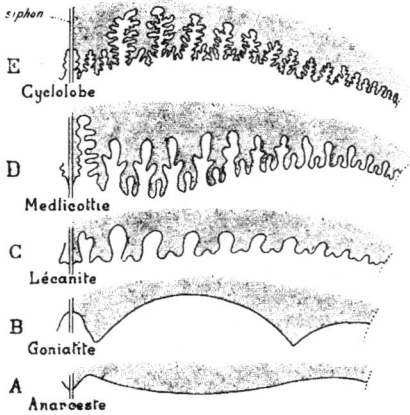

各类菊石近亲成年贝壳隔膜缝，来自古生代地层，年代从 A 到 E
越来越近

从原始到完整。

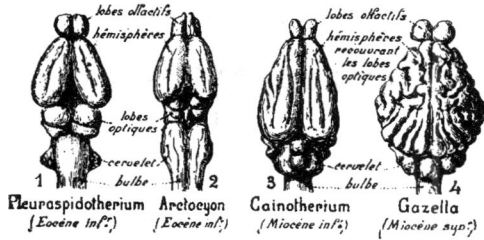

不同哺乳动物大脑化石的比较，年代越来越近

隐花植物孢子囊的子实体。

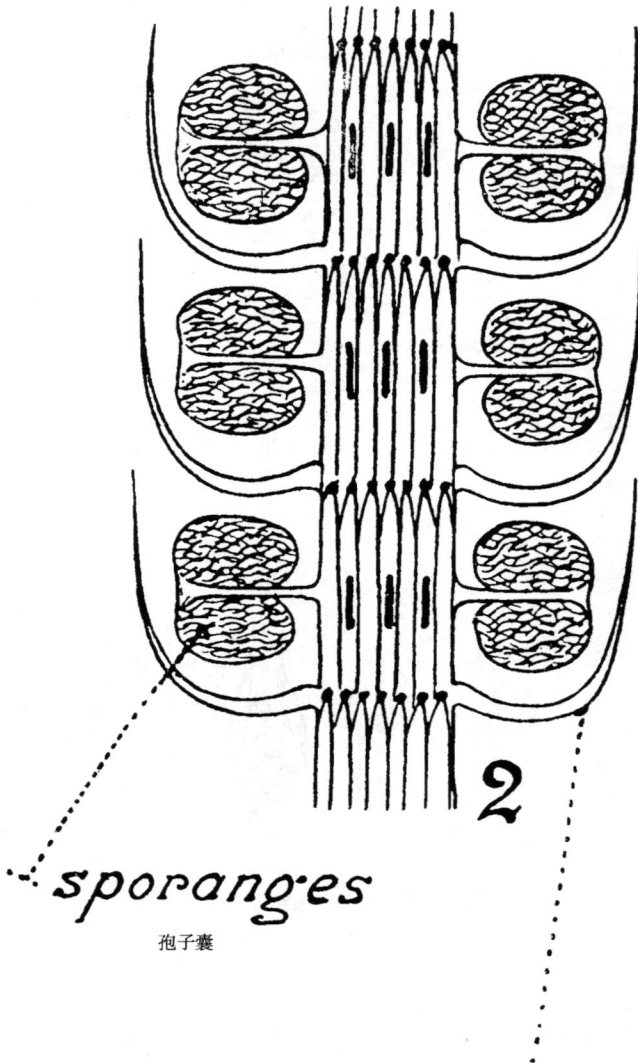

sporanges

孢子囊

我们的协调感觉来自大自然。如果说我们对这些作品有所感觉的话，那是因为我们属于它们的体系

交通运输
动力中心
汇集系统
交通干道
调配车站
服务设施

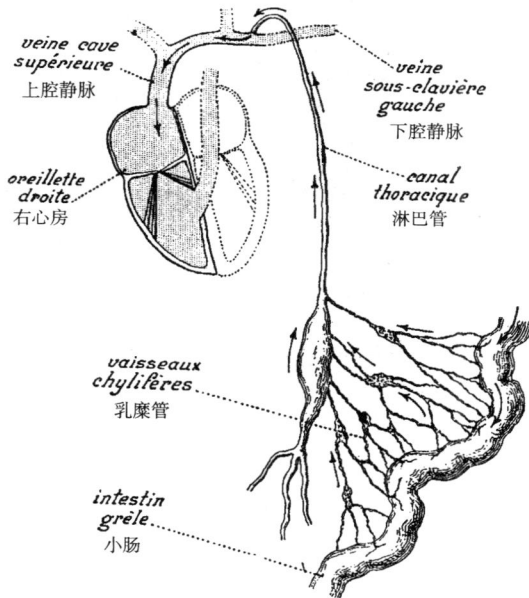

veine cave supérieure
上腔静脉

veine sous-clavière gauche
下腔静脉

oreillette droite
右心房

canal thoracique
淋巴管

vaisseaux chylifères
乳糜管

intestin grêle
小肠

乳糜（chyle）变成食物的路线，从小肠到心脏箭头
表示乳糜遵循的路线，后来与血液混合

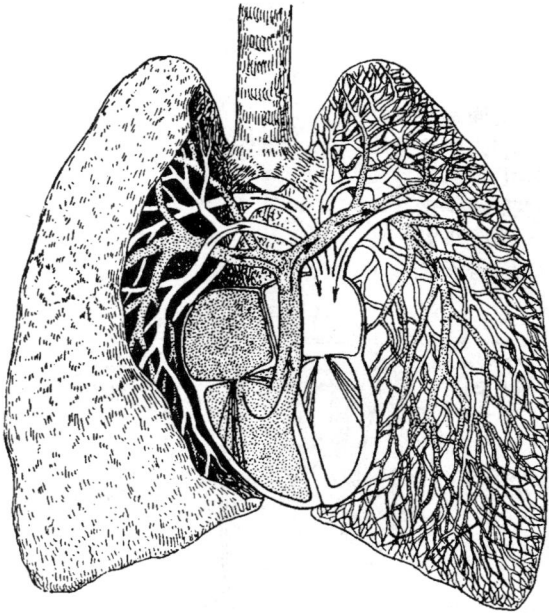

两种相对独立的功能系统之间直接、明确而迅速的关系……我们晚上在花园新城休息；早上9点开始在城市工作

两种相反的功能：耗尽精力，恢复活力，永恒的情形：极短时间内建立一个持续的体系。不会混淆的和谐状态

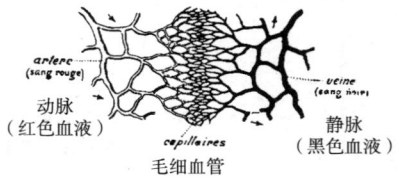

肺动脉分支（黑色血液）
ramifications de l'artère pulmonaire (sang noir)

肺毛细血管
capillaires pulmonaires

肺静脉分支（红色血液）
ramifications de la veine pulmonaire (sang rouge)

une vésicule pulmonaire très grossie　一个较粗的肺囊

动脉（红色血液）
artère (sang rouge)

静脉（黑色血液）
veine (sang noir)

毛细血管
capillaires

机制类似，功能不同

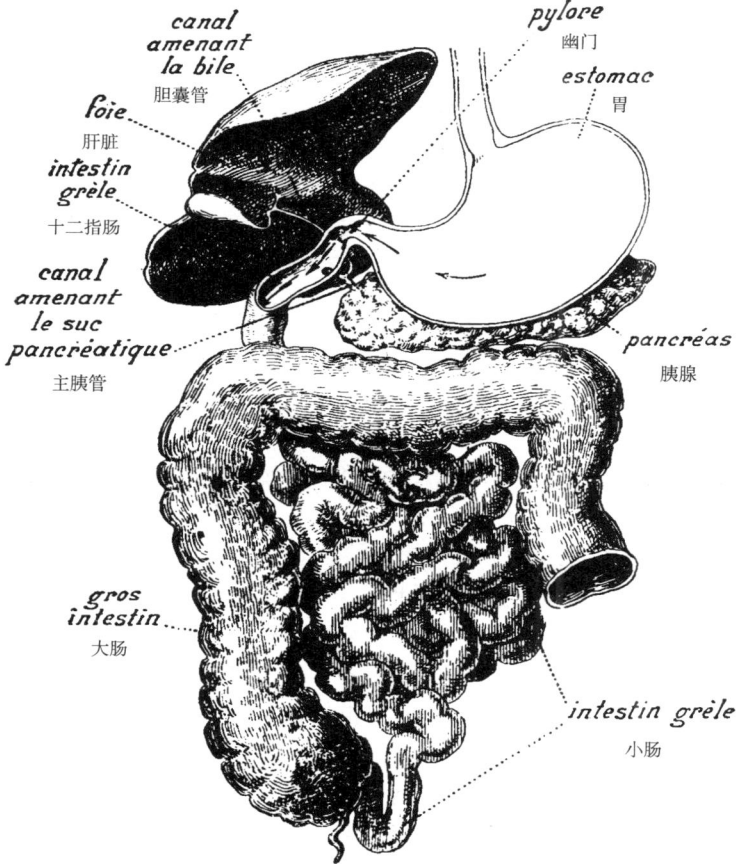

canal amenant la bile 胆囊管
foie 肝脏
intestin grèle 十二指肠
canal amenant le suc pancréatique 主胰管
pylore 幽门
estomac 胃
pancréas 胰腺
gros intestin 大肠
intestin grèle 小肠

十分明确且特征明显的器官。符合逻辑的运作系统

译后记

《明日之城市》一书的翻译，从最初的设想、翻译立项、版权交易，到初译稿完成、校对及修改，已过去两年多的时间，几经艰难，今日终于完成，内心有种说不出的喜悦。

最初的翻译动机，源于导师邹德慈先生的鼓励。2006 年协助先生整理《西方近现代城市规划发展史纲》讲义[1]时，先生曾把他珍藏多年的《明日之城市》一书拿给我阅读，这是民国期间国内曾发行过的一个中文版[2]，也是我第一次真正接触到该书。先生谈及该书在西方近现代城市规划发展史中的地位，又感慨民国时期中文版已相当稀有，理应再版。当晚，我一口气读完该书，内心久久不能平静，只因受柯布西耶的城市研究精神所感动、所鼓舞。几日的思索之后，我向先生报告了该书的阅读心得及尝试翻译的想法，当即获得先生的支持，同时也提醒我，若要翻译，须真正下一番工夫才行。后与中国建筑工业出版社董苏华编审进行联系，"我们也正想翻译柯布的这本书呢！"可谓一拍即合。

勒·柯布西耶出生于瑞士西北属法语地区的一个小镇［朗格多克小镇（Languedoc），毗邻法国］，1907 年先后到布达佩斯和巴黎学习建筑，此后长期定居法国，他所生活的是一个法语的环境，因而其著作大多系用法文写作而成，《明日之城市》也不例外。该书原著名为《Urbanisme》，法语即"城市规划"之意。但在国内，人们更多地是通过"明日之城市"的书名了解这本书，这主要缘于"The City of To-Morrow and its Planning"的英文版书名。本次翻译原曾打算采用"城市规划"的书名，但考虑到"明日之城市"的书名在国内已广为流传，且该书名对法文原著内容的表述也非常确切，因此予以沿用。

---

1. 邹先生在中国城市规划设计研究院开设的研究生课程。
2. 民国 23 年（1934 年）商务印书馆发行，译者卢毓骏先生（1904～1975 年）是我国最早引介现代建筑观念的开拓者之一。

　　本书的翻译工作，是以一种半研究的态度来完成的。翻译所依据的是柯布西耶基金会提供的 1925 年法文原著，同时也参阅了 Frederick Etchells 翻译的 1929 年英文版和民国时期的中文版，之所以如此，因为"翻译或摘要他（勒·柯布西耶）的著作很不容易。语言的叙述不讲究逻辑；他要说的真正意思却往往包含在附图之中"（Peter Hall）[1]，"勒·柯布西耶先生是用某种'断奏'风格写作的，连法文都有些使人为难"（Frederick Etchells）[2]，通过不同版本之间的比较分析，有利于更准确地理解原著的思想内容。当然，必须指出，1929 年英文版和民国时期中文版与法文原著的内容并不完全相符，尤其是省略了第 9 章中的许多新闻剪报及书后的附录，而在笔者看来，这些内容对于佐证柯氏的思想观点颇具价值，删去不免令人惋惜。就民国时期中文版而言，它甚至舍弃了整个第 9 章的翻译，原著 16 章的内容在译稿中只有 15 章，另从内容来看，也尚存在一些漏译和误译之处，当然，这也是其从 1929 年英文版进行转译的工作性质所局限。

　　阅读本书，有几点需要注意。第一，该书的创作，主要是基于理论研究的目的。"我不关心那些无数的既有事实；也不想知道那些涉及重大利益关系的惊愕内幕；我只想，依据您们的统计资料，比较超然地建立起一套健全且明确、实用且兼具美学要求的构想，提出一些纯粹性的指导原则，回归至问题本身而不考虑其他的特殊情况，进而提出现代城市规划的基本原则。一旦有了这些确定性的原则，每个人都可以去开展自己的实践，譬如巴黎"（第 8 章）、"本项研究的目的仅仅在于尝试提出一套明确的解决办法：它的价值仅此而已"（第 16 章）。如若认识不到这一点，读者也许会觉得书中柯氏所制定的巴黎瓦赞规划（Plan Voisin）有点呆板、单调甚至粗糙，必须注意它并非一般意义上直接用于实践的规划设计方案图纸，"'瓦赞规划'并不旨在为巴黎市中心提供十分具体的最终解决方案。但它有利于引发符合时代精神的讨论并提出

　　1.（英）彼得·霍尔（Peter Hall）著. 邹德慈，李浩，陈熳莎译. 城市和区域规划（第 4 版）[M]. 北京：中国建筑工业出版社，2008：53.

　　2. 说这句话的 Frederick Etchells 先生是柯布的许多法文著作的英文版译者，包括著名的《走向新建筑》一书。引自：（法）勒·考柏西耶著. 陈志华译. 走向新建筑 [M]. 天津：天津科学技术出版社，1991：245 - 246.

正确范畴内的问题。它以它的原则，对抗那些正日复一日地扰乱我们精神的无关紧要之举措"（第 15 章）。也正是因为本书所具有的研究性质，柯氏的主张可以以一种纯粹而猛烈的方式加以表达，毫无任何妥协或折中，这既使得柯氏的思想观点颇具冲击力且弥久不衰，但同时也是其招致保守派反对者的强烈不满的一个重要根源。

第二，应注意理解该书创作的时代背景。柯氏的作品中具有强烈的机器美学意识，在人文思想盛行的今天，这也许有点让人难以理解，但在当时，工业革命只得到初步的发展，它所带来的人类社会生产力的大发展，正深深地鼓舞着人们积极投身各种探索和革新，今日常常作为"枯燥、乏味"象征的机器，在诞生初期则是人类"劳动解放"的重要寄托，与此同时，汽车等新事物的出现，正形成对传统城市空间结构空前巨大的冲击，而广大的民众则长期处于居住拥挤、环境恶化的状况，技术进步的现实条件和住房发展的客观诉求，形成一股强大的社会发展趋势。正是准确地预见到这一发展趋势，柯氏才提出了基于工业革命新技术的住宅规模化发展的建筑设计和营造体系，以及须与之配套的城市改造设想，而这一点，对于今日人类社会居住生活条件之巨大改善，以及世界城镇化的迅猛发展（建筑的规模化生产与建设是城镇迅速扩张的条件之一），无疑具有重大的历史性贡献，这虽然绝不可能是柯氏一人之功，但对于柯氏的个人价值和作用，却必须积极地承认，这也正是《明日之城市》一书十分重要的社会意义之所在。阅读本书，一方面要注意领会柯氏顺应时代发展潮流的审时度势之气魄，同时也应深入体会其关心民众疾苦、为大众住宅设计奉献才智之风范。此外，由于城市规划工作的政策属性，常常被融入一些阶级观念，但柯氏始终专注于自己的建筑师身份，"我的职责在于技术方面。我试图扮演好这一角色，尽可能认真地研究必要且宜人的公寓基本单元和它们集体结集的结果；力图寻求一座城市的发展纲要并提出本身即为现代城市规划平衡状态下的基础性分类规则。……我有责任不脱离技术的领域。我是建筑师，没有人会希望看到我在搞政治活动。在每个不同的领域里，解决办法都属于最严谨的专业领域里的最终推论。……它没有党派色彩，它既不倾向于资产阶级所追求的资本主义社会，也不倾向于第三国际的无产阶级联盟。这仅是一份技术性的作品"（第 16 章），柯氏的这种职业（敬业）

精神，今天仍为可敬。对于建筑师和城市规划师而言，尽管不了解政治的做法往往是迂腐的（柯氏绝非如此），而一旦脱离了自己的专业领域，他也就失去了自身的意义。洞察社会发展趋势、关心民众疾苦、坚持职业追求等三个方面的操守，既是成就柯氏的世界大师地位的重要基石，也是今日之建筑师和城市规划师应当培养的基本职业道德。

第三，柯氏的现代城市规划思想需要系统地学习，不可孤立地看待该书。《明日之城市》一书是柯氏"新精神"丛书其中的一本，它们是一个相对独立但又不可分割的体系：一方面，城市是由一个个的建筑"细胞"所组成的，城市规划的革新（现代城市规划思想的提出）必然要以建筑"新精神"的创立为基础；另一方面，城市并非单纯的物质性空间（建筑），而是由无数市民共同生活的场所，人们生活其中必然要有美学方面的精神诉求，现代城市规划思想的普及需要建立与之配套的美学原则；此乃《走向新建筑》和《今日的装饰艺术》所要回答的问题。反过来讲，新的建筑精神，新的装饰艺术，也都需要以现代城市规划为"施展"舞台。因此，"新精神"丛书为一整体，须结合起来阅读，整体性地认知。此外，柯氏的现代城市规划思想，并不止于《明日之城市》一书，在该书出版之后，柯氏还主持创立了著名的国际现代建筑协会（CIAM，1928 年与 W·格罗皮乌斯等人一起）并制定出全面阐述现代城市规划理论的《城市规划大纲》（又称《雅典宪章》，1933年），出版了《光辉城市》（The Radiant City，1933 年）等著作，组织了印度昌迪加尔规划（1951 年）等规划实践项目。这些作品都在进一步对柯氏的现代城市规划思想进行发展和完善。只有广泛而系统地学习和分析这些作品，才能真正全面、准确、透彻地体会和把握柯氏的现代城市规划思想。

当然，对于《明日之城市》一书中的某些观点，也不可一概地全盘接受。特别是书中所流露出的少许"人定胜天"思想，与今天"尊重自然、人与自然和谐"的舆论导向是不大合拍的。但是也应当注意到，任何作品都不可能是绝对完美无缺的，总会或多或少地带有一定的时代局限性。对于经典名著的阅读，应当根据历史唯物主义的观点，取其精华、去其糟粕，为今世所用。

本书的翻译特别邀请到旅居法国多年、现正攻读博士学位的方晓灵女士进行了认真深入的校对，并且也邀请邹德慈先生进行了定稿前的审校，期间提出诸多的宝贵建议。本译稿是在历经多轮的修改完善后才最终定稿的，期望能达到"信、达、雅"的要求。尽管如此，唯恐还有这样那样的不足，恳请读者朋友给予批评指正。有趣的是，方晓灵女士早年曾在重庆建筑大学建筑城规学院任教，邹德慈先生现被聘为重庆大学兼职教授并承担博士生培养工作，而民国时期中文版的译者卢毓骏先生也曾于抗战时期在重庆大学任教，皆与重庆大学及建筑规划教育工作有缘。谨以本译著的出版庆贺重庆大学城市规划学科被批准为国家重点学科一周年！

李浩

2007 年 12 月 28 日初译于重庆

2008 年 08 月 20 日定稿于北京

对本书的意见和建议敬请反馈至：jianzu50@ 163. com

作译者简介

著者：勒·柯布西耶（Le Corbusier，1887 年 10 月 ~ 1965 年 8 月），瑞士画家、建筑师、城市规划师和作家，20 世纪最著名的世界建筑大师，现代建筑运动的激进分子和主将，国际现代建筑协会的创建人。出版有《走向新建筑》、《明日之城市》和《今日的装饰艺术》等数十部著作，设计作品主要包括印度昌迪加尔规划、巴西利亚规划、朗香圣母院教堂、马赛公寓、萨伏伊别墅等。

译者：李浩，1979 年 8 月出生，河南方城人，师从邹德慈院士，2008 年 12 月获工学博士学位。现任重庆大学建筑城规学院讲师、中国城市规划学会会员、重庆大学城市科学研究会副秘书长，曾担任重庆市武隆县建设委员会副主任、江口镇人民政府副镇长（挂职）。已在《城市规划》、《城市规划学刊》、《规划师》、《国际城市规划》等刊物上发表论文 30 余篇，著有《控制性详细规划的调整与适应——控规指标调整的制度建设研究》、《城市规划社会调查方法》，曾协助邹德慈先生翻译出版《城市和区域规划》（Peter Hall 著，第 4 版）。

校者：方晓灵，1973 年 5 月出生，浙江富阳人，重庆建筑大学风景园林工程学士、建筑学硕士，曾任重庆建筑大学建筑城规学院讲师。2002 年始留学法国，相继在巴黎拉维莱特建筑学院和凡尔赛景观学校深造，获得索邦大学和巴黎拉维莱特建筑学院的"园林·景观·地域"硕士学位。其硕士论文：《像读文章那样读"凡尔赛"——凡尔赛公园符号化过程的解读》被评为最佳论文。目前正攻读巴黎第八大学和拉维莱特建筑学校的建筑学博士学位，研究方向为"景观教育"，同时在欧盟关于亚洲教育关系的项目（Asialink）中任职。

城市是人类的工具。

但时至今日，这种工具已鲜能尽其功用。城市，已失去效率：它们耗蚀我们的躯体，它们阻碍我们的精神。

城市里四起的紊乱令人深感冒犯：秩序的退化既伤害了我们的自尊，又粉碎了我们的体面。

它们已不适宜于这个时代，它们已不适宜于我们。

《明日之城市》（Urbanisme）一书，是世界建筑大师勒·柯布西耶（Le Corbusier）所著"新精神"（l'Esprit nouveau）系列丛书中的一部。在这套丛书中，柯布西耶确立了引导他日后写作及进行建筑创作的基本原则。

由于柯布西耶激烈的改革思想，特别是其说明性的范例："巴黎瓦赞规划"，自从 1925 年首次出版以来，《明日之城市》一书掀起了一股激烈的论战。

作为奥斯曼作品的仰慕者，"这个帝王遗留给他的人民的遗产"，柯布西耶主张必须使城市适合于它所处的时代，从而恢复城市的崇高精神与效力，为达到这一目的必须对城市进行彻底的改造。

城市改造最基本的原则在于：

——减少市中心的拥堵；

——提高其密度；

——增加交通运输的方式；

——增加植被面积。

由于不可能迁移市中心并"在旧城市旁边重新创造新的城市"，必须对目前状态下的城市加以拯救。柯布西耶揭露了人们对这个庞大工程的阻碍：疑虑、胆怯、常规思维，他以一种未定型的拉康式风格予以反对："现代的感觉……十分迫切，违反它的话，任何事物都无法持续……它推动着，行动着。"

必须赶快行动："瓦赞规划"在装饰艺术博览会的"新精神馆"中展出（1925 年）。巴黎市中心 240 公顷的区域被全部重建。这是具体建议、是乌托邦式的梦想或者只是挑衅？柯布西耶明确地指出："瓦赞规划"并不旨在为巴黎市中心提供十分具体的最终解决方案。但它有利于引发符合时代精神的讨论并提出正确范畴内的问题。它以它的原则，对抗那些正日复一日地扰乱我们精神的无关紧要之举措。